Matthias Schopp

Geomorphologie mit Schwerpunkt Karstmorphologie und Glazialmorphologie

Zusammenfassung von Büchern und Artikeln zur Vorbereitung auf das Staatsexamen

GRIN Verlag

Impressum:

Copyright © 2014 GRIN Verlag GmbH
Druck und Bindung: Books on Demand GmbH, Norderstedt Germany
ISBN: 978-3-656-70752-3

Dieses Buch bei GRIN:

http://www.grin.com/de/e-book/277693/geomorphologie-mit-schwerpunkt-karst-
morphologie-und-glazialmorphologie

Zusammenfassung

Geomorphologie

LESER, Hartmut (2003): Geomorphologie. Braunschweig, Westermann, 424 S., (Das geographische Seminar)

Einleitung: Die Wissenschaft der Geomorphologie

Begriff und Gegenstand
- Geomorphologie beschäftigt sich mit dem Georelief, also den Landformen der Erde, deren Gestalt, ihrer Anordnung im Raum und ihrer Entwicklung
- Aufgabe:
    - Grund- und Leitformen erkennen um an der Formensystematik weiterzuarbeiten
    - Gesetzmäßigkeiten erkennen

Geschichte der Geomorphologie
- Humboldt
- Richthofen: Begründung der Geomorphologie als Fach (1886 „Führer für Forschungsreisende")
- Penck: „Morphologie der Erdoberfläche" 1894; Glaziale Serie mit Brückner
- Büdel: Doppelte Einebnung

Verwitterungsarten

Frostsprengungsverwitterung
-

Hydratationsverwitterung
-

Lösungsverwitterung
-

Kohlensäureverwitterung
-

Geomorphologische Prozesse und Landformen

Formenbildung durch glaziale Prozesse
- Glaziale Serie:
- Moränentypen:
- Gletschertypen:
- Gletscherspalten:
- Drumlins:
- Exaration:
- Detersion:
- Detraktion:
- Kar:
- Nivationsdenudation:
- Gletscherschliffe:
- Rundhöcker:

- Trogtal:
- Hängetal:
- Eisranddynamik und Eisrandlage:
- Vorlandvergletscherung:
- Glaziale Seen:
- Inlandvereisung:
- Schmelzwasserwirkung:
- Kames:
- Oser:
- Toteis:
- Sander:
- Urstromtäler:

Formenbildung durch Lösungsprozesse
- Voraussetzungen der Karstformenbildung:
- Karstderivate:
- Halbkarst:
- Pseudokarst:
- Nackter und bedeckter Karst:
- Karstwasserhaushalt:
- Formen durch Karstgewässer:
- Karstformen:
- Karren:
- Karrenderivate:
- Dolinen:
- Größere Flachformen im Karst:
- Täler der Karstlandschaft:
- Höhlen:

GEBHARDT, Hans; GLASER, Rüdiger; RADTKE, Ulrich & Hans REUBER (Hrsg.) (2006): Geographie. Physische Geographie und Humangeographie. Heidelberg, Spektrum, S. 261 – 360

Einführung

Forschungsziel

Geomorphographie und Geomorphometrie

Funktionale oder geomorphodynamische Geomorphologie

Das Systemkonzept in der Geomorphologie

Aktuelle Forschungen in der Geomorphologie

Geologische Grundlagen

Der Schalenbau der Erde

mittlere Tiefe [km] Ozeane	Gliederung des Erdinneren, Erdschalen / Kontinente	Gliederung von Erdkruste und Erdmantel	stoffliche Zusammensetzung	Zustand der Materie	seismische Wellen [km/s] P	S	Magmenherde MORB* / Hot Spots (Manteldiapire)	Erdbebenherde
basaltische Ozeankruste	obere Erdkruste (Sial)	Lithosphäre (bis zu ca. 100 km)	Sedimente, Granite, Gneise, saure Silikatgesteine	fest	<4 ~6	2,4 3,6		
8–10	10–20			Conrad-Diskontinuität				
	untere Erdkruste (Sima) 30–50		Gabbro, basische Silikatgesteine	fest	6,5 7,5	3,9		
				Moho-Diskontinuität				
			Peridotit	fest	8,1	4,65		
100	oberer Erdmantel	Asthenosphäre (Konvektionszone)	ultrabasische Gesteine	fließfähig (plastisch, 1–10 cm/a)	(7,7)	(4,3)		
400								
~670		Übergangszone	Druckoxide	fest	11,4	6,4		
	unterer Erdmantel (evtl. 2. Konvektionszone)		Hochdruckoxide	fest (oder plastisch)	13,6	7,3		max. Tiefe: 700 km
2 900				Wiechert-Gutenberg-Diskontinuität				
	äußerer Erdkern		metallisch		8,1	0		
5 000				flüssig	~10,0			
				Übergangszone	9,7			
5 160								
	innerer Erdkern		metallisch	fest	11,2 11,3			
6 370								

*MORB = Mittelozeanische Rücken-Basalte

Plattentektonik

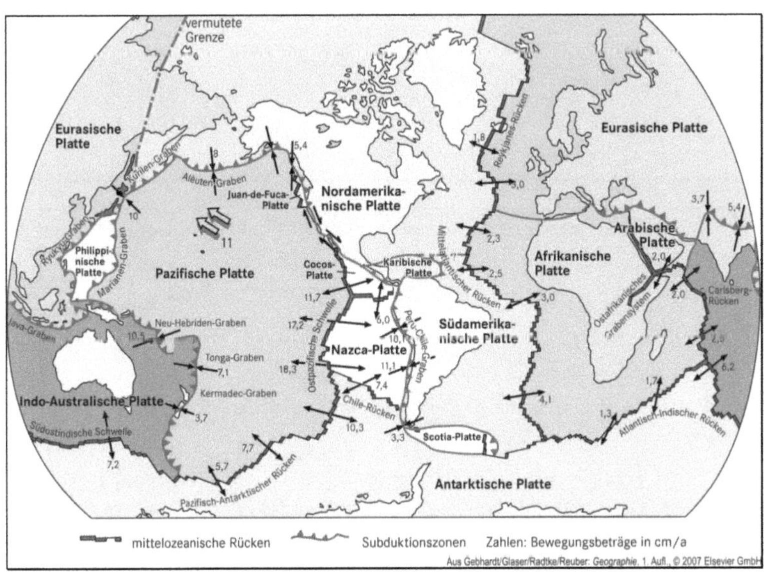

Vulkanismus

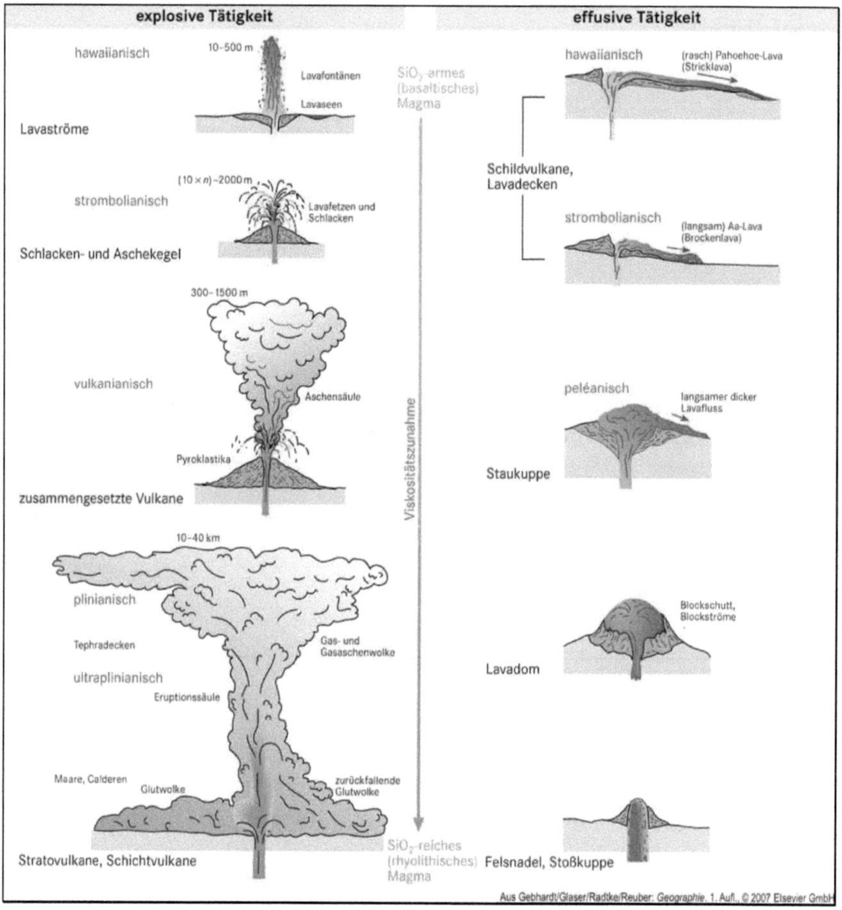

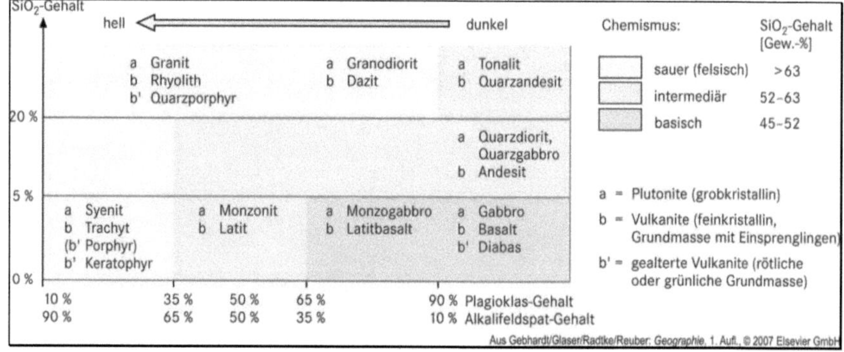

Gesteinskreislauf

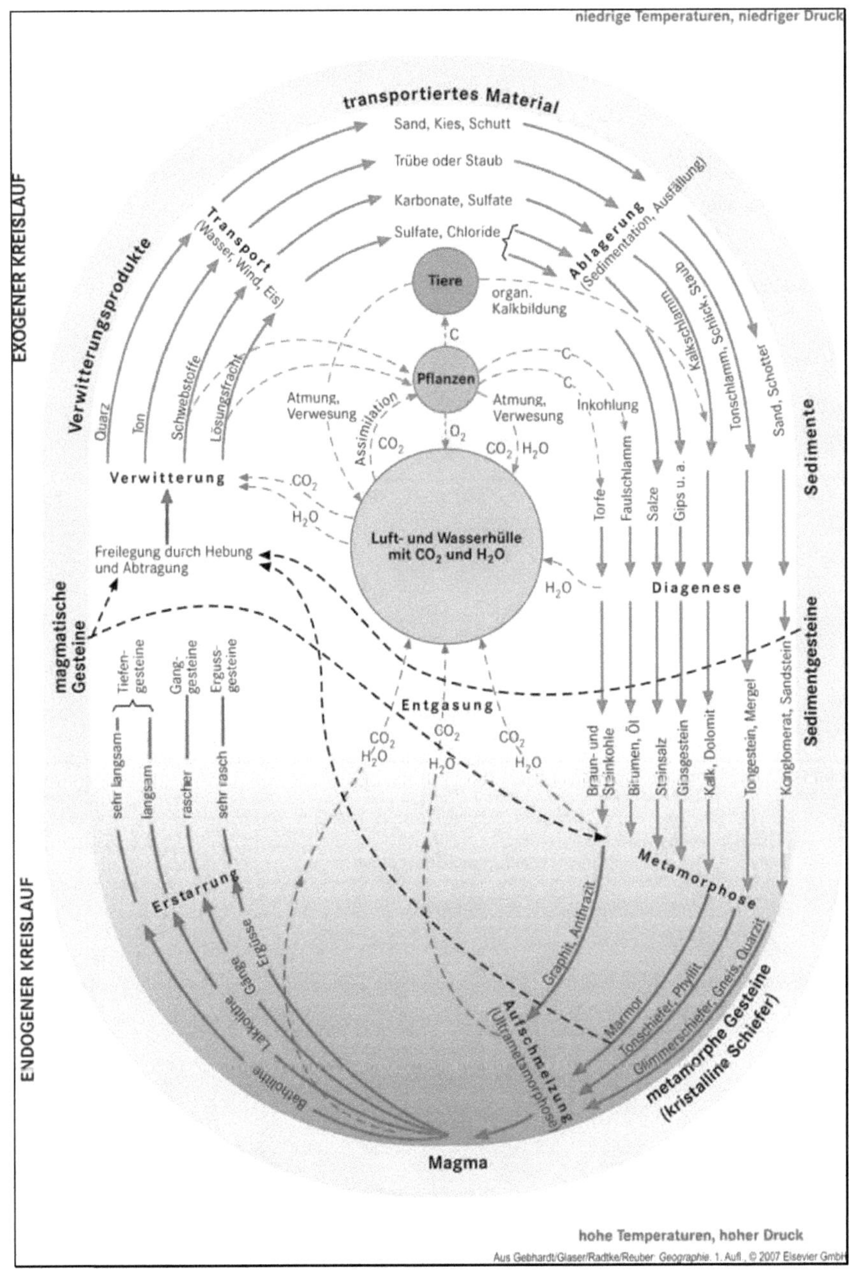

Verwitterung als Voraussetzung für Bodenbildung, Pflanzenwuchs und Reliefformung

Physikalische Verwitterung

Frostverwitterung

Salzverwitterung

Chemische Verwitterung

Hydratation und Lösungsverwitterung

Hydrolyse, Kohlensäureverwitterung und Tonmineralneubildung

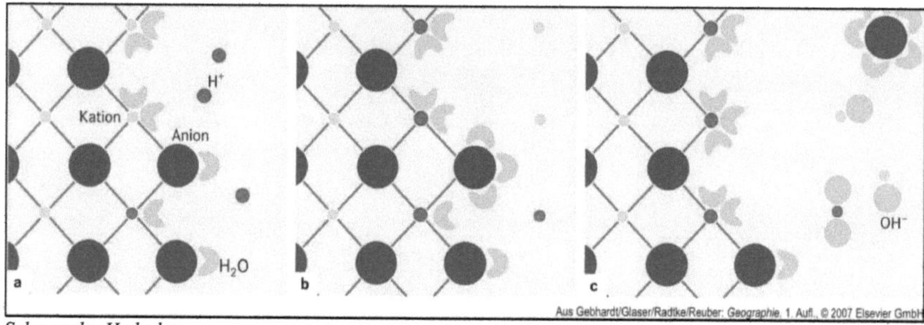

Schema der Hydrolyse.
  a) *H+ -Ionen kommen in Kontakt mit einem Kristall, das an seiner Oberfläche Kationen besitzt, die nicht komplett ins Gitter eingebunden sind (hellgrün) bzw. die sich nicht im Gleichgewicht innerhalb des Kristallgitters befinden (dunkelgrün).*
  b) *Die H+ -Ionen ersetzen Kationen, welche in Lösung gehen*
  c) *Anionen, deren Bindung im Gitter damit weiter verschlechtert ist, gehen ebenfalls in Lösung. Die Kationen gehen neue Bindungen, zum Beispiel mit OH- -Ionen , ein.*

Oxidationsverwitterung

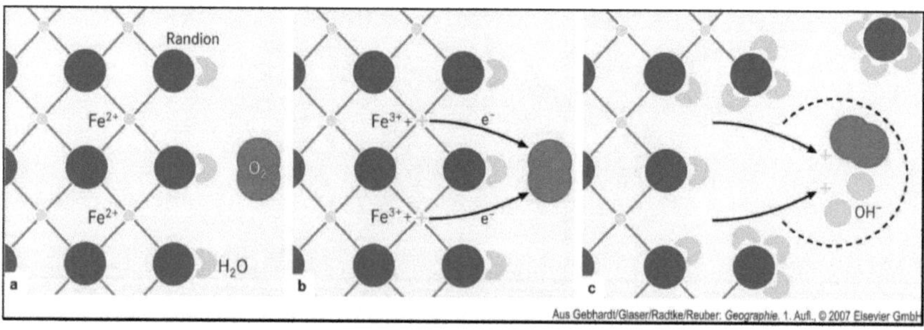

Schema der Oxidationsverwitterung.
  a) *Zweiwertiges Eisen (Fe2+) im Gesteinsverband kommt in Kontakt mit Sauerstoff (02).*
  b) *b) Durch Elektronenabzug (e-) ändern sich Größe und insbesondere Wertigkeit des Fe; es wird dreiwertig (Fe3+) und wird damit aus dem Kristall abgestoßen,*
  c) *c) Das Fe verbleibt nicht mehr im Kristallgitter und geht mit dem Sauerstoff und den OH-Ionen des dissoziierten Wassers eine Reaktion zu Goethit (Strukturformel FeOOH) ein (gestrichelter Kreis). Die verbleibenden h+-Ionen fördern die weitere Hydrolyse (nicht dargestellt). Durch das Herauslösen des Fe aus dem Verband werden weitere Randionen angreifbar, die mit einer dickeren Hülle aus Wasserdipolen umgeben sind und zum Teil abgeführt werden.*

Biologisch-chemische Verwitterung

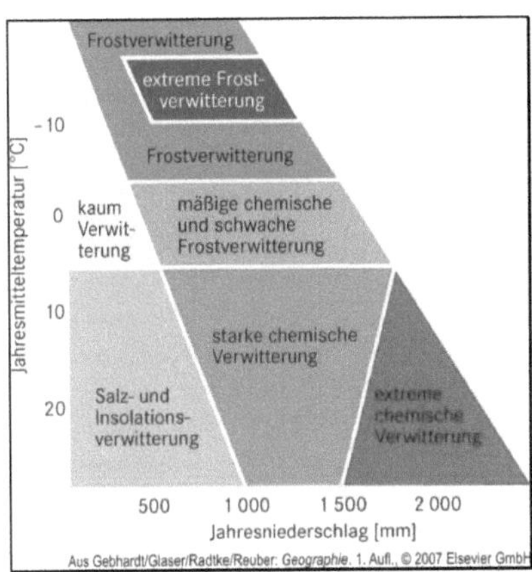

Formungsprozesse und morphologisch Einzelformen

Formbildung durch exogene Prozesse

Formbildung durch gravitative Massenbewegungen

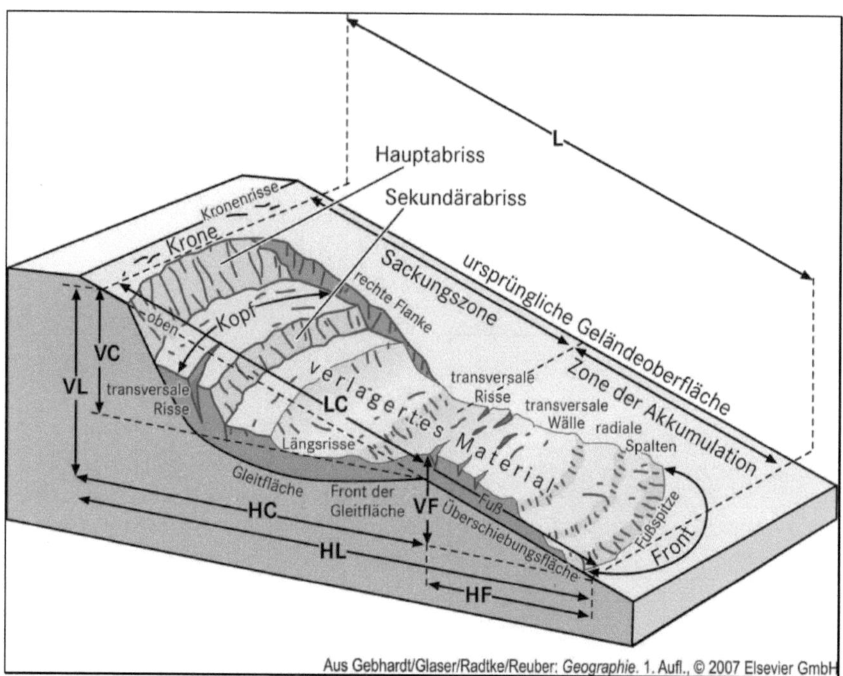

Aus Gebhardt/Glaser/Radtke/Reuber: Geographie. 1. Aufl., © 2007 Elsevier GmbH

Eine schematische gravitative Massenbewegung mit Sackungs-und Akkumulationszonen und typischen Strukturen wie Krone, Streckungsund Stauchungszonen, Spalten, Rissen und Wällen. (L - Schrägdistanz, LC = Schrägdistanz der Sackungszone, HL - Horizontale Gesamtlänge, HF - Horizontale Fußlänge, HC - Horizontale Sackungslänge, VL - Vertikale Gesamtlänge, VF s Vertikale Fußlänge, VC - Vertikale Sackungslänge;verändert nach Cruden & Varnes 1996, Übersetzung in Anlehnung an WP/ WLI 1993)

Formbildung durch Denudationsprozesse

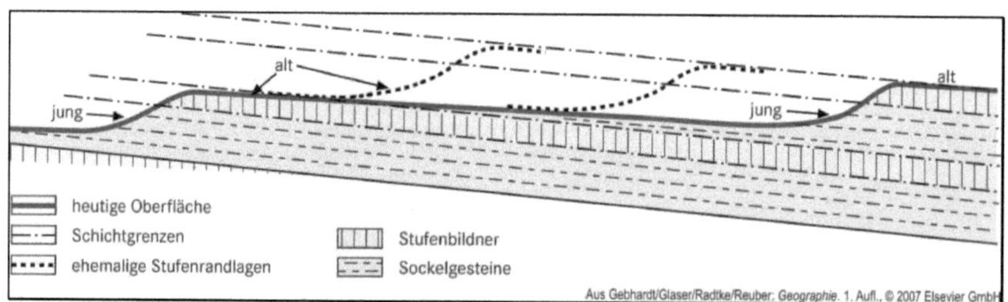

Aus Gebhardt/Glaser/Radtke/Reuber: Geographie. 1. Aufl., © 2007 Elsevier GmbH

Denudation in der Schichtstufenlandschaft, in einer Schichtstufenlandschaft (Schichtstufentreppe) können denudative Prozesse in mehreren Niveaus gleichzeitig wirken. Die an die resistenten Gesteine angepassten Stufenflächen werden durch Stufenrückverlegung freigelegt. Beteiligte Prozesse sind Massenbewegungen und hangaquatische Prozesse im Stufenbildner und Abspülung und Deflation im Sockelgestein. Die hangproximalen Teile der Stufenflächen sind in ihrer Entstehung vergleichsweise jung, während die distaten Teile Ergebnis länger andauernder Abtragung sind. Die denudative Tieferschattung der Oberfläche {down-wesring) wird kontrolliert durch die Stufenrückverlegung [backwearing).

Exkurs: Geoökologische Bedeutung periglazialer Hangsedimente

Formbildung durch glaziale Prozesse

Formbildung durch periglaziale Prozesse

Formbildung durch Lösungsprozesse

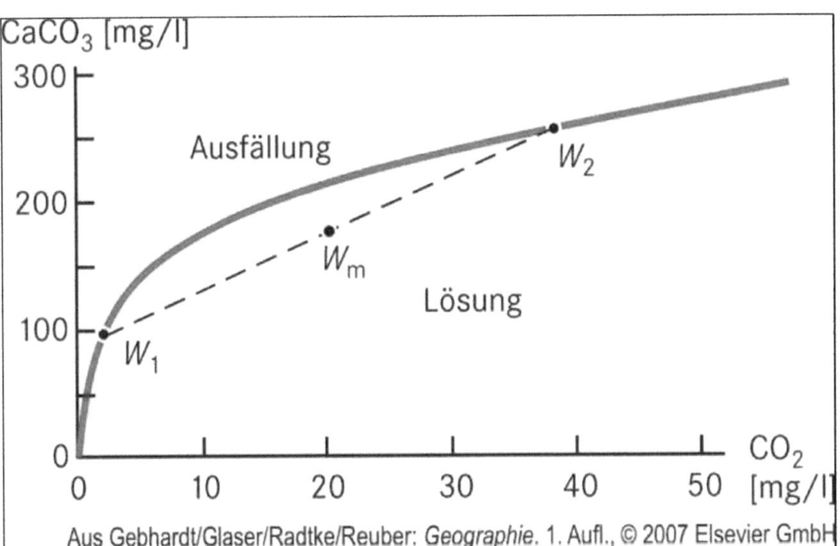

Sättigungskurve und Mischungskorrosion. Die Mischung der beiden mit W1, bzw. W2 bezeichneten gesättigten Kalklösungen ergibt die ungesättigte Kalklösung Wm, sodass weitere Kalklösung möglich ist (verändert nach Bögli 1964).

Exkurs: Isostasie und Eustasie

Beispiele polygenetischer und mehrphasiger Formen und Formengemeinschaften

<u>Ursachen der Mehrphasigkeit</u>

<u>Ausgewählte Einzelbeispiele</u>

Schichtstufen und Schichtkämme

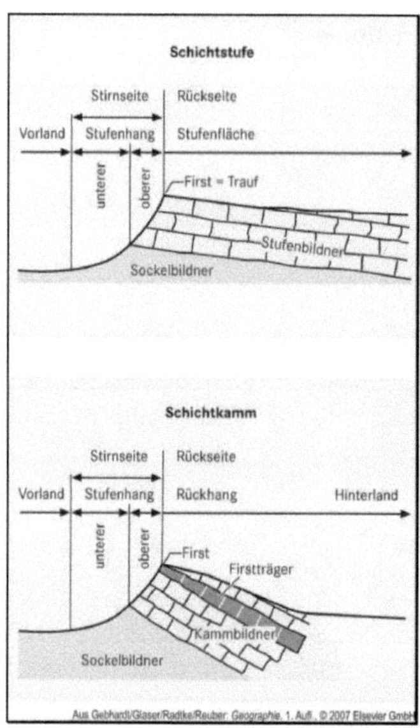

Rumpfflächen, Rumpftreppen und Inselberge

Glazial geprägte Landschaften

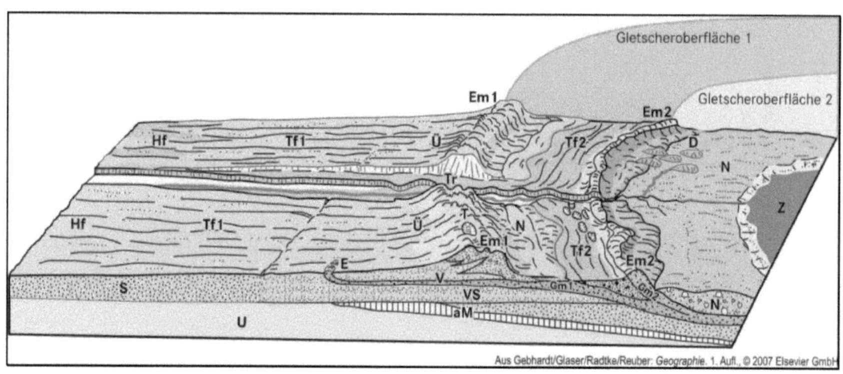

<u>Regionale und zonale Beispiele für Formengemeinschaften in Abhängigkeit von den klimatischen Bedingungen</u>

<u>Formengemeinschaften der humid-gemäßigten Breiten</u>

<u>Formengemeinschaften der wechsel- und immerfeuchten Tropen</u>

Gesteinskreislauf

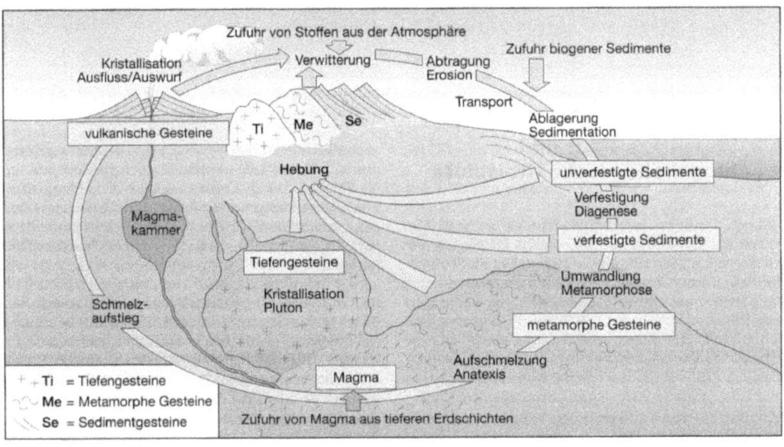

63.2 Kreislauf der Gesteine

Magmatite (Erstarrungsgesteine)

Plutonite (Tiefengesteine)   Granit, Gabbro, Diorit

Vulkanite (Ergussgesteine)   Basalt, Rhyolith, Andesit, Tuff, Obsidian

Subvulkanite (Ganggesteine)   Pegmatit

Sedimentite (Ablagerungsgesteine)

Mechanische (klastische) Sedimentgesteine
• unverfestigt: Kies, Sand, Ton, Moranen, Loss
• verfestigt: Konglomerat, Sandstein, Tonstein, Tillit Loss

Chemische Sedimentgesteine
• unverfestigt: Kalkschlamm, Kalktuff
• verfestigt: Kalkstein, Travertin
• fest abgelagert: Kalksinter, Kieselsinter, Steinsalz, Gips, Kalisaize

Biogene Sedimentgesteine
          Torf, Kohle, Erdol, Bernstein, Asphalt, Korallen- und Schwammkalk

Metamorphite (Umwandlungsgesteine)
          Gneis, Schiefer, Marmor, Quarzit,

Die Bildung von Erzlagerstätten

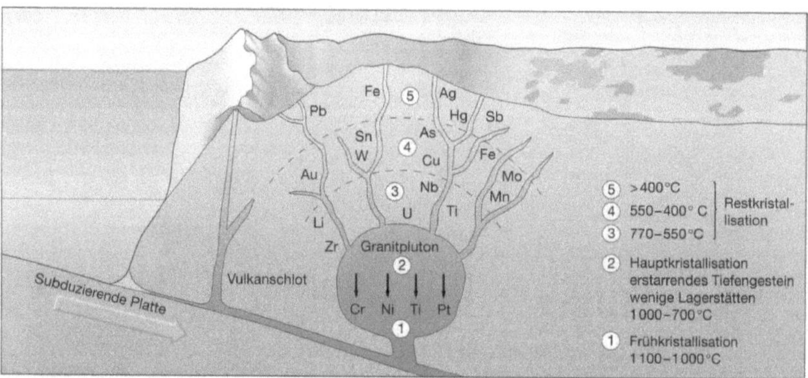

68.1 Entstehung primärer Lagerstätten

<u>Primäre Lagerstätten:</u> Erstarrung von glutflüssigen Gesteinsschmelzen, Hydrothermale Lösungen drängen zur Erdoberfläche und ordnen die Erze zonal um den Pluton an.

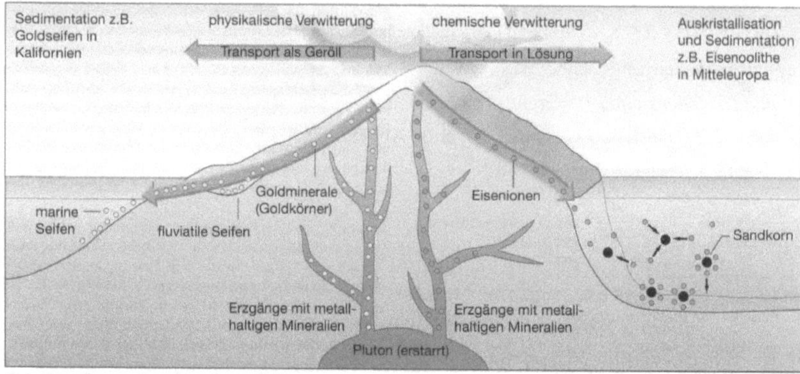

69.1 Entstehung sekundärer Lagerstätten

<u>Sekundäre Lagerstätten:</u> Verwitterungsprodukt wird abtransportiert und woanders abgelagert
Mechanisch: Mineraler hoher Dichte lagern sich am Gefällsknick des Flusses ab (Gold,…).
Chemisch: Z.B. Kupfer wird gelöst und bei Kontakt mit Meerwasser ausgefällt.

<u>Metamorphe Lagerstätten:</u> Primäre und sekundäre Lagerstätten können durch Tektonik in metamorphe Lagerstätten umgeformt werden (Itabirite, Bändererze,…).

<u>Verwitterungslagerstätten:</u> Bei intensiver chemischer Verwitterung können Erze übrig bleiben (Bauxit = Rohstoff für Aluminium).

Die Bildung von Salzlagerstätten

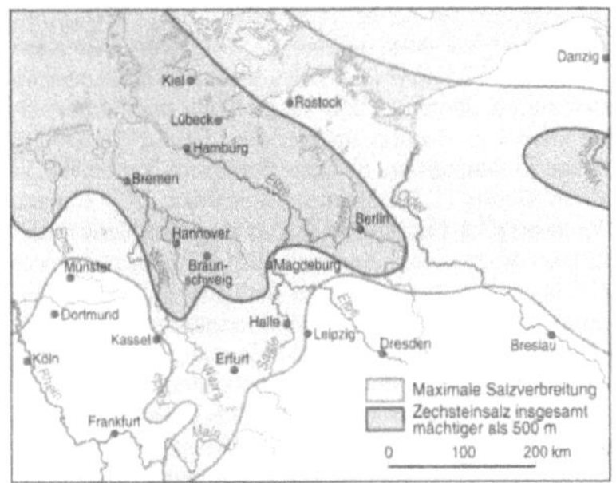

70.1 Verbreitung der Zechsteinsalze

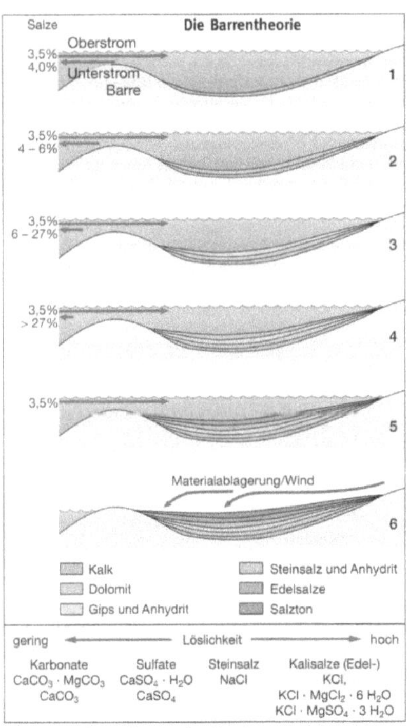

Karbonate	Sulfate	Steinsalz	Kalisalze (Edel-)
$CaCO_3 \cdot MgCO_3$	$CaSO_4 \cdot H_2O$	$NaCl$	KCl,
$CaCO_3$	$CaSO_4$		$KCl \cdot MgCl_2 \cdot 6\,H_2O$
			$KCl \cdot MgSO_4 \cdot 3\,H_2O$

70.2 Entstehung der Zechsteinsalze

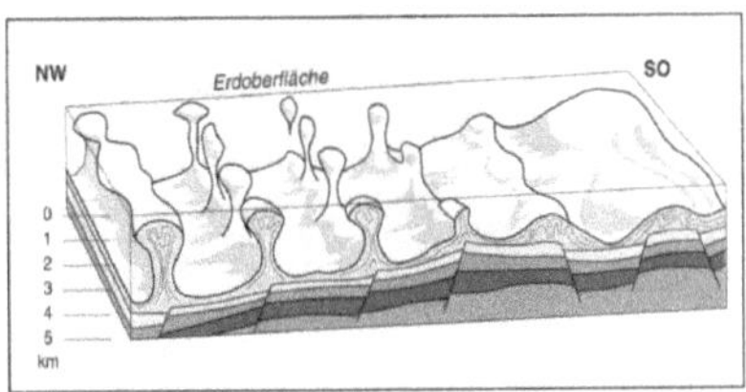

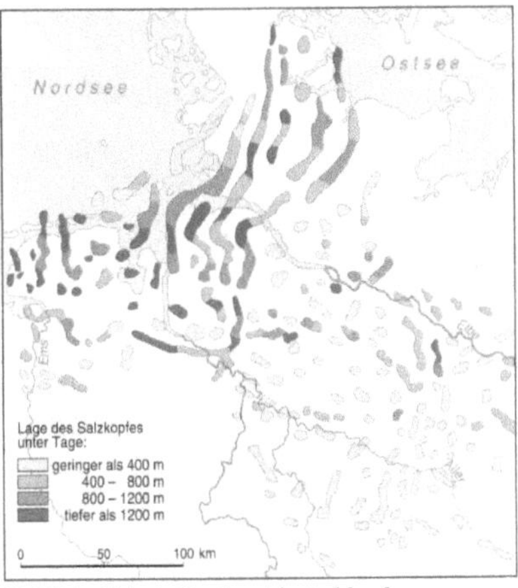

71.2 Salzstöcke in Nordwestdeutschland

Salze wurden im Zechstein und im mittleren Muschelkalk (Salinargestein) abgelagert.

1000m mächtige Meerwassersäule würde 15m Salz ablagern. Meer müsste folglich 60km tief gewesen sein um 900m dicke Salzschichten abzulagern. Deshalb: Barrentheorie.

Die Bildung von Kohlelagerstätten

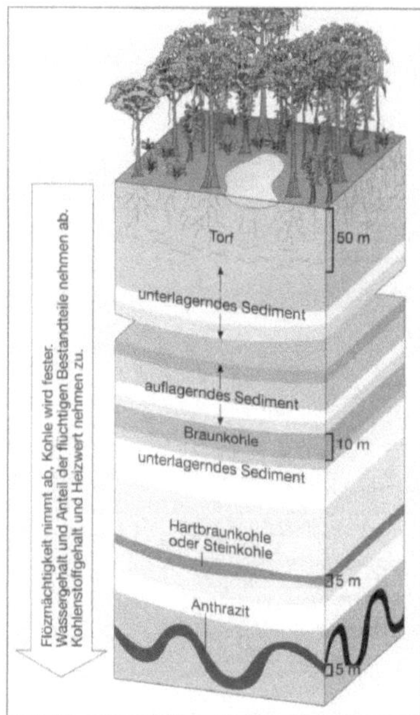

72.2 Inkohlungsprozess

Kohle entsteht durch Umwandlung abgestorbener Pflanzenreste. Dabei bildet sich:

Steinkohle (Karbon):
Ruhrgebiet, Saarland, Aachen, Piesberg bei Osnabrück.
=> Verwendung zur Stahlerzeugung, hoher Inkohlungsgrad, hoher Heizwert.

Braunkohle (Tertiär):
Ville, Lausitz, zahlreiche weitere Stellen
=> Verwendung zur Elektrizitätserzeugung, geringer Inkohlungsgrad, geringer Heizwert

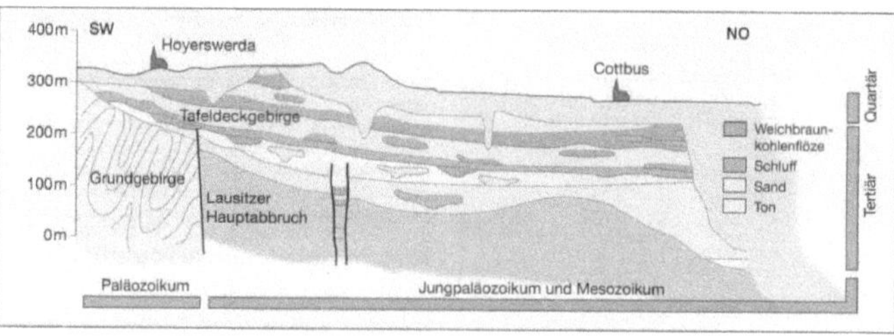

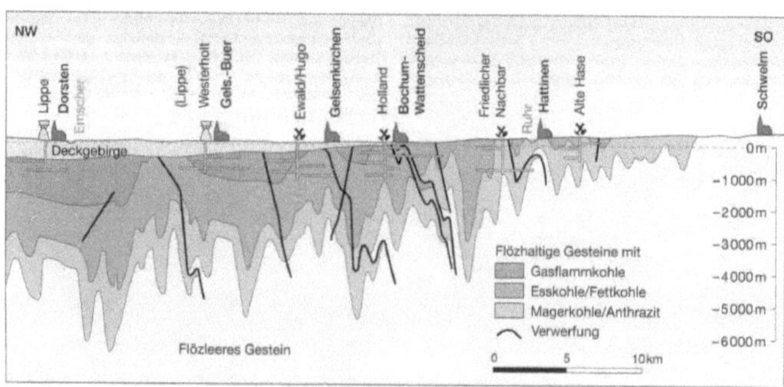

73.2 Querschnitt durch das Kohlengebirge im Ruhrgebiet

Die Bildung von Erdöl- und Erdgaslagerstätten

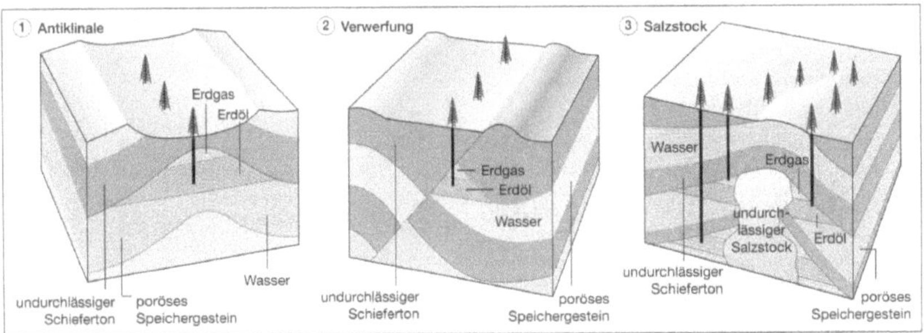

74.2 Erdölfallen

Genaue Entstehung ist bis heute nicht gesichert. Als wahrscheinlich gilt:

Plankton (organische Substanz in der oberen Wasserschicht der Meere)

=> Teile abgestorbenen Planktons sinken ab und wird am Meeresboden in Faulschlamm zersetzt.

=> Umwandlung zu Bitumen und weitere Absenkung des Meeresbeckens, zunehmende Mächtigkeit der Sedimentschichten.

=> Durch chemische Umsetzung und Druck entstehen flüssige und gasförmige Kohlenwasserstoffe (Erdöl und Erdgas).

Bei Entstehung eines Gebirges werden Erdöl und Erdgas aus dem tonigen Entstehungsgestein herausgepresst und lagern sich in porösen Speichergesteinen an (Kalk- und Sandstein). Die Migration wird an verschiedenen „Fallen" verhindert, sodass Lagerstätten entstehen (s.o.).

GLÜCKERT, Gunnar: Zur letzten Eiszeit im alpinen und norddeutschen Raum. In: Geographica Helvetica, 42 (1987), S. 93-98.

1. Historische Forschung

- Alpen: Gletscherzungen
- Nordeuropa: Plateauvereisung
- 1882: Penck, Grundzüge der Eiszeitforschung (Beispiel Alpen)
- 1901 – 1909: Penck und Brückner, „Die Alpen im Eiszeitalter" (Bühl-Gschnitz-Daun)
- Ende des 19. Jh.: Penck, Wahnschaffe, Keilhack,
  - o Keilhack gibt nordeuropäischen Vereisungen Namen

---

2. Korrelationen der Eisrandlagen

	Nordeuropa			Alpen		
Alter	**Eiszeit**	**Stadium**	**Staffel**	**Eiszeit**	**Stadium**	**Staffel**
			Salpausselkä			*Egesen*
			Bornholm			*Daun*
			Nordrügen			*Gschnitz*
			Velgast			*Steinach*
	Weichsel		Rosenthal	Würm		*Bühl*
			Gerswald			Steph.
		Pommersche	Angermünde			Ölkofen
		Frankfurter				Ebersberg
		Brandenburg				Kirchs.
	Saale	Warthe		Riss		
		Drenthe				
	Elster			Mindel		
				Günz		

KLEBER, Arno: Die glaziale Serie. In: Geographische Rundschau, 55,2 (2003), S. 40-43

- Modell geht auf Brückner und Penck zurück (1901-1909)
  - o eines der ältesten Modelle der Geomorphologie
  - o Grundlegende Aussage:
  - o Die Formen der Eisrandlagen einer Vorlandvergletscherung zeigen sich im Idealfall in bestimmter regelhafter Abfolge
  - o diese liegt in Abhängigkeit zum ehem. Eisrand
  - o an diesem Muster können Eisrandlagen rekonstruiert werden

Überblick über Grundelemente des Modells + Formenbeschreibung, die oft mit Elementen der glazialen Serie vergesellschaftet auftreten
(im Text digitale Reliefmodelle mit quasirealistischen Landschaftsansichten)

Grundelemente
- Zungenbecken= flaches Becken, oft noch nicht wieder voll an Flusssystem seiner Umgebung angeschlossen (Erklärung für Zungenbeckensee);
  - o Becken aus Sammelsurium von Sedimenten und Formen verkleidet (= GM-Landschaft)
  - o Am Grunde des Eises zum Zeitpunkt der Vereisung durch Gletscherbewegung ausgeräumter Bereich
  - o wird nach Gletscherrückzug frei
  - o Während des Gletscherrückzuges erneute Übertiefung durch vor den Gletschertoren von Schmelzwassermassen nochmals übertieft → daher gehen sie hier oft in das
- EM = steil aufragender Rücken, wallartig, um die Außengrenzen des Gletschers herum
  - o Aus meist grobkörnigeren Sedimenten
  - o Wenn Zungenränder längere Zeit Haltepunkt haben→ Endmoränenbildung durch Akkumulation, dies oft sehr markant ausgeprägt (mit prägnanten Wällen + beidseitig steilen Hängen...)
  - o Bsp. Steilwandigere Formen bei Blockreichtum oder längere Verweildauer des G. Im Maximalausdehnung
  - o Abnahme der Akzentuierung bei Gletschern mit zunehmenden Alter
  - o Typ für jungen EM: Sehr unregelmäßige Topographie mit zahlreichen Einbuchtungen
  - o werden von Schmelzwässern des Gletschers durchbrochen
  - o Junge EM: Typ. Unregelmäßige Topographie mit zahlreichen Einbuchtungen der Kammlinie/des Grundrisses, oft mit Sölle+ Dolinen
  - o Verdriftete Eisberge können auch überschüttet geworden sein, wenn dieser versickert das Schmelzwasser lässt Hohlraum zurück, der in sich zusammenstürzt.
- Sander = enthalten mehrfach geschichtete Flusssedimente in verschiedenen Korngrößen
- Urstromtal:
  - o fehlt am häufigsten in der glazialen Serie!
  - o ihre Einbeziehung war stark von den mitteleuropäischen Bsp. beeinflusst (Verhältnisse liegen in anderen Teilen der Welt anders)
  - o Urstromtäler= Täler, die die Schmelzwässer am Außenrand der Sanderflächen aufnahmen
  - o annähernd quer zur Fließrichtung des Gletschers ausgerichtete → dazu kam e s allerdings nur unter bes. Bedingungen (v.a. wenn das Relief vor dem Eisrand

ansteigt, so dass ein Gegengefälle entsteht, dass die Flüsse nicht überwinden können – In Dt durch die Mittelgebirge und durch die Schwäbische Alb)
- o ohne diese Begebenheit finden die Sander keine scharfe Begrenzung sondern gehen allmählich in Niveau der Täler und Terrassen über.
- o Urstromtäler heute nur noch vereinzelt mit Fluss, da Flussläufe sich nach Verschwinden der Gletscher andere Wege bahnen konnten (zentrifugal – zentripetal)

Formen im Zugenbecken
- Formen und Sedimente darin sehr vielfältig!
- Von GM dominiert
- waren Formung durch den Gletscher und durch die Schmelzwässer ausgeliefert =glazifluviatile Prozesse
- teilweise akkumulierender Natur,

Oser (Os)
- schmale oft mehrere km lange, oft sehr steil geformte Rücken aus glazifluviatilen Sedimenten
- (da Wasser unter Gletscher unter Druck steht, könne Oser auch bergaufwärts geschüttet sein
- Unterschied zu anderen fluviatilen Sedimenten
- nur bei großen Inlandvereisungen zu finden

Rinnenseen
- entstehen, wo Gletscher mehr erosive Wirkung hat entstanden Rinnen unter dem G. aus dem später ggf. Rinnenseen hervorgingen

Kames
- Entstehen im Eiszerfallsstadium (Spätphase des Gletscherhochstandes), wenn G. schon zurückgezogen hat, oder einzelne Eisblöcke stehen bleiben
- durch Frachtablagerungen der Schmelzwässer zwischen Eisblöcken
- Spezialform: Kamesterrassen, wenn Ablagerung in in einer Art Tal erfolgt, wo ein Talhänge ein höheres Relief aufweist
- Wenn Kames nicht als Terrassen ausgeprägt, sind sie nur schwer zu unterscheiden von GM (können aber auch flach und unreliefiert sein)

Drumlins
- Lang gestreckte bis ovale, stromlinienförmige, weniger Zehner m hohe + wenige 100m lange Rücken
- aus Lockergestein
- in Fließrichtung des G. ausgerichtet (Gletscherzugewandte Seite steiler –proximal/ Gletscher abgewandte Seite flacher –distal)
- oft in Scharen (Drumlinfelder), dabei oft auf Lücke gegenseitig versetzt
- Entstehung: Beim Gletschervorstoß, der unverfestigtes Material vorfindet und aufschürft.
- (Bedingungen der Entstehung noch nicht fest erforscht)

Sedimente der glazialen Serie
- Fast alle genannten Oberflächenformen durch Sedimente unterschiedlich Genese aufgebaut!
- Oft lässt sich Form erst auf Grundlage ihrer Sedimente genetisch interpretieren

- Bei Sandern + Urstromtälern liegen geschichtete fluviale Ablagerunge vor, Korngröße verringert sich mit Entfernung vom Eisrand
- Bei EM komplizierter!
- Bei Satzendmoräne sind Sedimente durch Akkumulation der Gletscherfracht entstanden
- Bei Stauchendmoräne aus altem Material zusammen gefrachtet
- Oder EM aus mehreren Aufschüttungen zusammengesetzt
- Sedimentstruktur müsste unterschiedlich sein, auch wenn die äußerl. Form ähnlich ist

- Sedimente Zusammensetzung der Zungenbeckens ist sehr vielfältig:
- Kames: aus geschichteten Flusssedimenten, kuppige GM aus ungeschichteten, unsortiertem von Gletscherablagerungen
- Bei Untersuchung der Sedimente zur Rekonstruktion der Landschaftsgenese, zeigt sich, dass die glazialen Formen im Eisrandlagenbereich nur die nur den gr. Rahmen gegeben haben. Oberflächennahe Untergrund wurde durch nacheinszeitliche (periglaziale) Prozesse geprägt.
- oft Seeablagerunge in Zungenbecken
- bei älteren Eiszeiten: Verkleidung mit Löss kann bedeutungsvoll sein
- Interpretation der glazialen Serie oft nur durch Sedimentanalysen mgl. Problem der Interpretation: Wenn mehrerer Eisrandlagen nah beieinander lagen → Unübersichtlichkeit!
- (junger Sander nur schwer von alter GM zu unterscheiden)

- Erklärung der Regelhaftigkeit der Form- und Sedimentanordnung:
- Gletscher oft als Zungen aus einem Geb. (bei Inlandeis ins Vorland)

- Alle Karstgebiete in Dt mit fast selben Umweltproblemen
- Betreffen Grundwasserqualität + Gefährdung der nat. Artenbestände
- Ursache: Divergierende Nutzungsansprüche des wirtschaftenden Menschen, deren Konflikte sich negativ auf Karstökosystem auswirken
- Ein denkbarer Lösungsansatz: Einführung eines übergreifenden Ökosystemmanagements
- Wichtig dabei: Aufbau einer geoökologischen Datenbank, durch die schnell und kostengünstig digitale Boden- oder Gefährdungskarten erstellt werden können

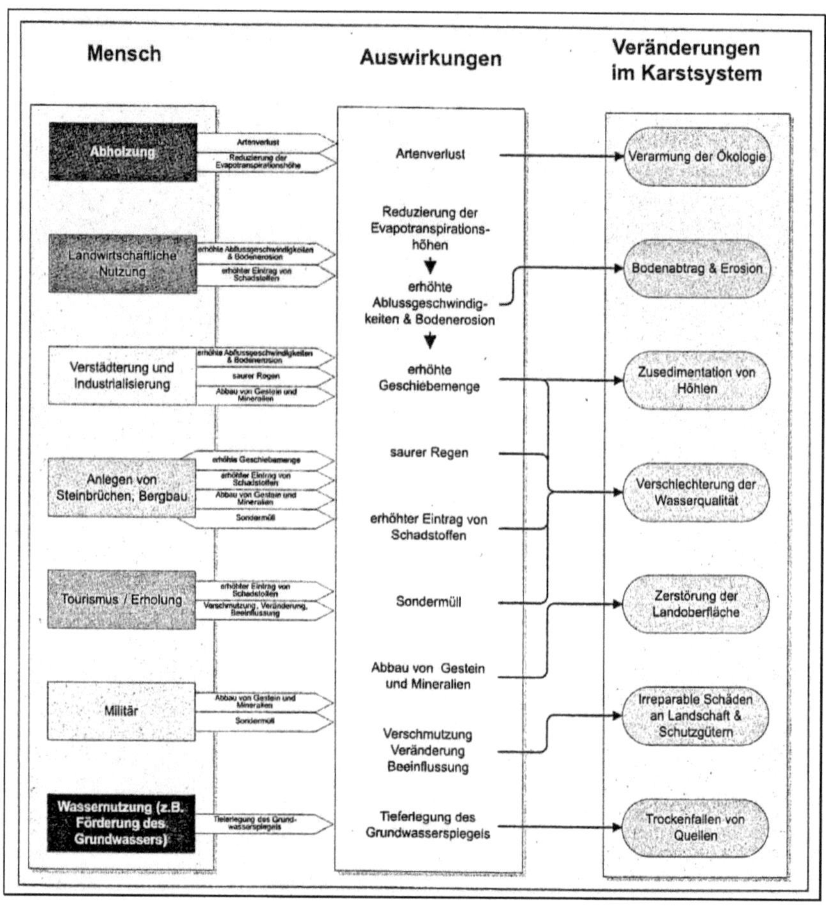

- Karstlandschaften finden sich überall wo Kalk, Dolomit oder Gips oberflächlich anstehen
- In Deutschland:: in Mittelgebirgen + Alpen
- nehmen 14% der Gesamtfläche in Deutschland ein (35% in Europa)
- Karstgebiete in Deutschland:

- o Eifel
- o Westerwald
- o Sauerland
- o Harz
- o Thüringer Becken
- o Münsterländer Kreidebecken Schwäbische Alb
- o Fränkische Alb
- o Teile der bayerischen Alpen

- durch Lösungsverwitterung entstehen typische Karstformen:
  - o Karren
  - o Klüfte
  - o Schächte
  - o Dolinen
  - o Erdfälle
  - o Karstwannen
  - o Höhlensysteme
    - ⇨ Je nach klimat Verhältnissen in unterschiedlicher Gestalt

- alpine Karstgebiete erst in jüngster Zeit erschlossen worden, andere dt. Karstgebiete haben schon lange gr. Bedeutung für Menschen, da spezifische Potentiale:
- Kalk und Dolomit als Rohstoff für die Bauindustrie
- (Straßensplitt, Zuschlagsmaterial, chem. Werkstoff, Kosmetikbranche)
- -Karstgebiete sind wichtig Salzlagerstätten
- (z.B. Muschelkalkschichten im Raum Heilbronn)
- Karstgebiete früh besiedelt + intensive Nutzung +
- Diese Faktoren + nat. Gegebenheiten haben zu bes. Flora und Fauna geführt → oft Naturschutzgebiete!
- Bedeutung der Karstaquifere (=Grundwasserleiter) als Trinkwasserspeicher – Potential bis heute noch nicht ausgeschöpft

<u>Umweltprobleme durch Konflikte zwischen divergierenden Nutzungsansprüchen</u>
- Ökologischer Gleichgewicht in Karstgebieten labiler als bei anderen Landschaftstypen
- schnell irreparable Folgen durch menschl. Eingriffe
- Landschaftsbild wird verändert + enorme Stoffeinträge in das Ökosystem durch:
- Verkehr   Industrie   Landwirtschaft   Siedlungen:
  - o stehen im Kontrast zur Wasserwirtschaft (Schutz des Karstwassers als Trinkwasserreservoire) und des Naturschutzes

<u>Wasserproblematik</u>
- Komplizierte und schwer überschaubare Zusammenhänge zwischen unterird. Wasserführung + extrem schnellem Wasserdurchsatz und der resultierenden Gefährdung der Grundwasserqualität (darüber öffentlich bisher wenig bekannt)
- Größtes Problem liegt derzeit in Bereich des Wasserschutzes!
- obwohl in Dt. grundsätzlich kein Wassermangel. Gr. Unterschiede in räuml. Verteilung (Bsp. Wasserverbrauch in Ballungsgebieten höher als nat. vorhanden)

- Problem: In vielen Karstgebieten kann das GW aufgrund starker Verunreinigungn nicht als Trinkwasser genutzt werden (Aufbereitung ist zu teuer)

- Erklärung: Oberflächlicher Abfluss fehlt, Niederschlagwasser versickert direkt in Klüften und Ponoren und wird unterirdisch abgeführt+ bewegt sich in unterirdischem Karstsystem bis zur schüttenden Quelle
- im karsthydrographischen System bewegt sich Wasser weitgehend ohne Filter- und Schadstoffabbauprozesse. Daher erhebliche Gefahr von Schadstoffeintrag
- aufgrund des unterirdischen Wasserregimes hohe Werte bei Abfluss und Grundwasserneubildung (zw. 40-55% je nach Vegetation und Bodenverhältnissen)
- Jahresniederschlagswerte in süddeutsche Karstgebieten bei bis zu 1200mm → pro km2 +Jahr gelangen 660 Mio. l Wasser in Untergrund (theoretische können knapp 14000 Menschen dadurch mit Trinkwasser versorgt werden →erhebliche Handlungsbedarf, da bisher kaum genutzt
- Qualität des Karstwassers ist abh. von Qualität des Niederschlagwassers, daher hohe Gefährdung des W. durch intensive Landwirtschaft + Abfallstoffen + Atmosphäre
- Wichtig: Schutz des Karstwassers ist nur im Oberflächenbereich mgl.
- Deckschichten und Bodenkörper kommt (durch bodenphysikalische und geochemische Wirkungsmechanismen) entscheidende Bedeutung für Qualität des Karstwassers zu, da nur hier Pufferung und Filterung von Schadstoffen potentiell mgl.
- Bodenmächtigkeit ist unterschiedlich
- Bodenmuster in Karstgebieten ist oft kleinparzelliert und daher kaum mit durchweg mächtiger Bodenbedeckung
- Grund: Unterschiedlich starke Überformung während Eiszeiten
- Bodenbildung oft aus Deckschichten mit Löss, nicht aus Ausgangsgestein selbst
- Wichtig: Böden aufgrund jahrhundertelanger Bearbeitung oft erosionsgefährdet
- aus Sicht der Wasserwirtschaft müssten viele Karstgebiete streng genommen als Wasserschutzgebiete ausgewiesen werden
- (Bsp: Kriterium der „50-Tage Linie": Grenzlinie von der aus des GW mind. 50 Tage benötigt um zum Quellaustritt zu gelangen. Vorstellung: Verweildauer von 50 Tagen im Untergrund ausreichend für Wasserfiltration/Reinigung (gilt nicht für chemische Verunreinigung)
- Problem: In Karstgebieten oft nur wenige Std/Tage Verweildauer+ intensive Landwirtschaft daher Ziele des Wasserschutzes nur schwer umsetzbar
- Zur Kompromissfindung sollten Gefährdungsstufen charakterisiert werden zum Schutz der am stärksten gefährdetsten Regionen!
- Ein Ansatz könnte die geoökologische Datenbank sein

Naturschutzproblematik
- infolge der naturräumlichen Ausstattung und intensiven menschliche Nutzung Entwicklung typische Muster der Bodenverteilung:
- In Tallagen sehr mächtige Kolluvisole
- In Hanglagen (als Folge von Erosion) nur noch geringmächtige Böden – viele Rendzinen (statt der zu erwartenden Parabraunerde und Braunerden)
- Rendzinen mit hohen Skelettanteil + für Ackerbau ungünstiger Nährstoffgehalt + Wasserversorgung
- Hanglagen urspr. als Weidestandorte (Schafen, Ziegen)
- Wacholderheiden + Trockenrasenflächen = typische Karstlandschaftsbild in dt. Mittelgebirgen!
- nach Aufgabe der Weidewirtschaft sind viele Flächen der Sukzession (Verbuschung) ausgesetzt oder aufgefrostet → da einzigartige Flora und Faune oft unter Naturschutz!
- da Vernetzung zw. den Schutzgebieten fehlt, dennoch Gefährdung des Artenbestandes!
- Problem: Ungewollte Sukzessionen + Gefahren durch den wirtschaftenden Mensch

- Bsp: Interflow = Oberflächennahe Wasserbewegung im Boden ohne Eindringen in den Grundwasserleiter) kann unerwünschte Stoffeinträge aus benachbarten Äckern oder Forstflächen bewirken.
- zum Schutz von Karstregionen ist detailliertes Wissen über geoökolog. Raummuster der Regionen notwendig → Geodatenbank könnte eine wesentliche Informationsgrundlage sein!

Konflikt zw. Umwelt und Tourismus
- hohen Freizeit- und Erholungswert
- Sommer- und Wintertourismus sind wichtige Einkommensquellen
- Problem: Konflikte mit andern Raumnutzungen + weitere Umweltprobleme + oft Landschaftsschädigung

- Bsp: Fahrspuren, Trittschäden, zerstörte Grasnarben, unerlaubte Souvenirentnahme in Höhlen (Tropfsteine), zurück gelassenen Abfälle!

- Freizeitverhalten muss gelenkt werden, damit verträglicher Tourismus entsteht, dazu Einrichtung von Pufferzonen um starkgefährdete Bereiche (+Information/Aufklärung)

Konfliktregulierung durch Ökosystemmanagement – Bsp. Schwäbische Alb
- hier: verkarstetes Mittelgebirge mit erwähnten Umweltproblemen
- in Dissertation: Ökosystemanalyse
- Ziel: Notwendige Eingangsparameter für Datenbank definieren+ effiziente Vorgehensweise bei Datenerhebung und –Verwaltung
- (Daten können unmittelbar für eine Errichtung eines Ökosystemmanagements verwendet werden)

Umweltprobleme auf Schwäbischer Alb
- bed. Erholungs- und Kulturlandschaft in Baden-Württemberg
- (Naherholungsgebiet und Ferienerholung)
- zahlreiche Pflanzenarten von der Roten Liste
    - → Konflikte durch die Ansprüche von Tourismus und Naturschutz
- Landwirtschaft hat bed. Rolle, da das eiszeitlich überprägte Gebiet (?) gut zu bewirtschaften ist und Erträge für Mittelgeb.landschaft vgl.weise gut sind
    - → Konflikte zw. wasserwirtschaftliche Belange und landwirtschaftliche Aktivitäten
- (Jährliche Niederschläge zwischen 800 und 1200mm)
- aufgrund unterirdischem Gewässernetz ergeben sich hohe Werte bei Abfluss und Grundwasserneubildung (50-55% des Wassers gelangen direkt in den Untergrund)
- Quellen bringen das Wasser in großen Schüttungsmengen wieder an Oberfläche
    - → Problem ist die Verschmutzungsgefahr durch Schadstoffeinträge aus der Landwirtschaft, daher nicht für einfach für Trinkwassergewinnung zu nutzen

---

Beispiel Blautopf:
Schüttungsmenge: 2160 l/s
→ könnte theoretisch bei pro Kopfverbrauch von 130l/ Tag 1,5 Mio. Menschen täglich mit Trinkwasser versorgen
ABER einfaches „Unterschutzstellen" reicht aufgrund der Vielzahl von unterschiedlichen Nutzungsansprüchen und deren Wechselwirkungen nicht aus!

- Übergreifendes Ökosystemmanagement mit fundierten Daten über geoökologischen Raummuster ist notwendig!
(darin: Merkmale des überdeckten Karstes, der Böden, des überflächennahen Untergrundes und der Nährstoffpotentiale als wichtige Informationsquellen)

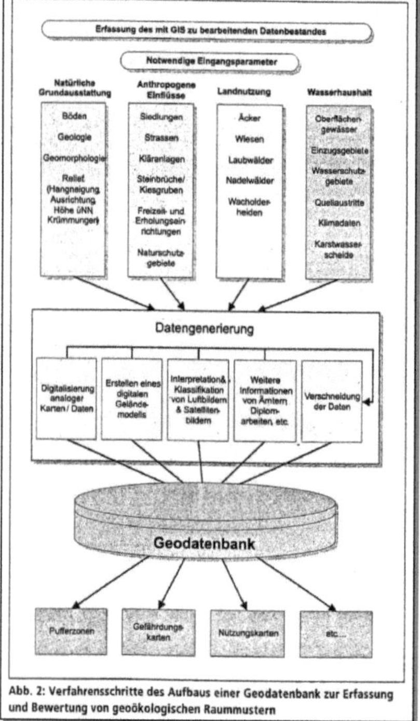

Abb. 2: Verfahrensschritte des Aufbaus einer Geodatenbank zur Erfassung und Bewertung von geoökologischen Raummustern

Aufbau einer Geodatenbank

- Einzelarbeiten und Detailinfos zur Bedeutung von geoökologischen Zustandsgrößen liegen oft schon vor
- allerdings fehlt für eine flächendeckende Bewertung die notwendigen Kenntnisse zu geoökologischen Raumsystemen + ökosystemaren Abläufen
- gibt wesentliche Elemente für den Aufbau einer Geodatenbank (Abb.2! angucken)
- Eingangsparameter können theoretisch auch für andere Karstgebiete ein Ökosystemmanagement ermöglichen!
  o Erfassung geoökologischen Raummuster durch verschieden Mgl:
  o Auswertung von Fachliteratur
  o Digitalisierung von Daten- und Kartenbeständen
  o Auswertung von Luft- /Satellitenbildern
  o Einbindung vorhandener Bewertungen von geoökologischen Einzelmerkmalen
  o Unter Einsatz von GIS
- Anschl. Bewertung zu unterschiedlichen Fragestellungen mgl.

Erzeugung digitaler Karten
- Verschneidung der Detailinformationen anschl. notwendig um mit Daten arbeiten zu können
- Nutzungskonflikte auf Schwäbische Alb beruht vor allem auf Konflikten zw. Nutzungsansprüchen wirtschaftender Menschen
- um Lösungsansätze zu finden müssen verschieden Einflüsse in ihrem räumlich Zusammenhang gemeinsam betrachtet werden
- Gegenwärtig gr. Problem: Unzureichende Qualität des Karstgrundwassers!
- diese könnte durch Nutzungsvorgaben (z.B. Düngemittelbeschränkung) beeinflusst werden
- Allerdings Schadstoffeinträge atmosphärischer Herkunft kaum regulierbar
- Da der Boden der einzige Bereich für Pufferung und Absorption von Schadstoffen, sind umfangreiche Kenntnisse der vorhandenen Bodenarten notwendig (Bodenkarten)
- Problem: Solche sind flächendeckend nicht vorhanden und bes. in den Mittelgebirgen nur begrenzt vorhanden (Bodenuntersuchung bisher überwiegend in best. Vorranggebieten)
- bisher von 60 top. Karten zur Schwäbische Alb (1:25000) nur 2 bodenkundlich

- da Erstellung sehr zeitaufwenig + kostenintensiv in absehbarere Zeit keine zu erwarten
- Alternative: Generierung einer digitalen Bodenkarte
- daraus können wiederum weitere Karten zu bestimmten Fragestellung generiert werden
- Bsp. Gefährdungskarten zu Nitrat- und Schwermetallauswaschung oder Vernetzungskarten von Biotopen oder Karten über laterale Stoffeinträge + potentielle Puffer- und Filterkapazitäten
- wären z.T. rasch generierbar, da Eingangsparameter schon in Geodatenbank integriert wären.
- Potential: Aus den Ergebnissen der Datenanalyse könnte Maßnahmenkatalog für Umweltschutz erstellt werden

Im Beispielgebiet (TK L 7524: Blaubeuren) wurde im Rahme der Dis folgende Karten erstellt:
- digitale Bodenkarte
- Schwertmetall-/Nitratauswaschungsgefährdungskarte + Maßnahmenkatalog zum Schutz des Karstgrundwassers

KNEZ, Martin; SLABE, Tadej: Unroofed caves are an important feature of karst surfaces: examples from the classical karst. In: Zeitschrift für Geomorphologie, 46,2. (2002), S. 181-192.

Zusammenfassung

- Höhlen ohne Dach sind wichtiger Charakterzug der Karstoberfläche
- Höhlen ohne Dach sind alte Höhlen, die wegen der Senkung und des Zersetzungsprozesses der Karstoberfläche aufgedeckt oder zertalt wurden
- Beim Bau einer Autobahn von 50km Länge wurden 300 Höhlen entdeckt
- Höhlen ohne Dach werden zunehmend klar erkennbares Phänomen auf der Oberfläche
- Geben Zeugnis ab für die Entwicklung des Aquifers mit ihren geologischen, geomorphologischen, hydrologischen und klimatischen Eigenschaften

---

Einführung

- Höhlen ohne Dach sind alte Höhlen, die durch Senkung oder Zersetzungsprozesse aufgedeckt oder zerteilt wurden
- Sind erhalten, indem sie durch Sedimente aufgefüllt wurden
- Ihre typischsten Merkmale und ihre Bedeutung bezüglich der Untersuchung von Karstaquifern, Epikarst und an der Oberfläche soll untersucht werden
- Höhlen ohne Dach sind relativ gewöhnliche Karstoberflächenformen
- Bei einer Länge von 50km waren 80 der insgesamt 300 Höhlen dachlos und mit unterschiedlichen Sedimenten gefüllt
- Untersuchte Region liegt in Slowenien, Kras, einem Plateau, welches den äußeren Dinariden angehört
- Es steht unterschiedliches Gestein an – vor allem Kalkgestein und Dolomit
- Durch Verkarstungsprozesse sank der Wasserstand im Aquifer und liegt nun 200m unter der Oberfläche
- Vor allem wegen Erosionsprozessen während früherer Kaltzeiten sank auch die gesamte Karstoberfläche ab
    - Alte Höhlen, die durch frühere Wasserläufe entstanden, blieben entweder leer oder füllten sich mit Sedimenten
- Karstologen gehen davon aus, dass Karstoberflächen mit großen, weitläufigen Talsystemen Zeugnisse für oberflächliche Wasserläufe darstellen (Trockentäler)
- In den neu entdeckten Bereichen sind dementsprechende Zeugnisse jedoch nicht enthalten
- Typische Form einer dachlosen Höhle an der Karstoberfläche ist das Ergebnis vom Typ und der Form einer neu geformten Höhle, die nun mit Sedimenten gefüllt ist und die Entwicklung an der Karstoberfläche
- Verschiedene Formen:
    - Paralleler Verlauf des offenen Abschnitts zur Oberfläche
    - Oberfläche ist offen an der höchsten Stelle der Höhle
    - Oberfläche ist an mehreren hohen Abschnitten eines sich windenden Abschnittes offen
- Unterschiede der Form dachloser Höhlen an der Oberfläche als Konsequenz dessen, wie schnell Sedimente aus der Höhle gewaschen wurden:
    - Unterschiedlicher Formenschatz, wenn Abfließen schneller als die Senkung der umliegenden Karbonatoberfläche
- Höhlengestein ist unter dem Sedimentgestein häufig erhalten
- Geschwindigkeit, mit der das Sediment ausgewaschen wurde, ist vom Typ der Sedimente abhängig

---

<u>Typen dachloser Höhlen</u>
- Höhlen, aus denen Sedimente langsam heraus gewaschen werden können, werden
  unterteilt in:
  - o Karstoberflächen ohne Gestein und mit einer vielfältigen
    Vegetationsbedeckung:
    - Dachlose höhlen sind meist dort zu vermuten, wo sich Wald- und
      Buschgebiete von kleineren oder auch großflächigen Graßflächen
      abwechseln
  - o Flowstone (Fließgestein) und Höhlensedimenten an der Karstoberfläche
    - Dachlose Höhlen, die durch das Erscheinen von Flowstone-Blöcken
      von mehreren Dutzend Kubikzentimetern entweder auf einer Länge
      von bis zu 100m oder aber auf einem kompakten Gebiet
- Höhlen, aus denen das Sediment schnell herausgewaschen wurde
  - o Rechteckige Senkungen
    - Mehrere Meter bis Kilometer lange Gänge, die nicht durchbrochen oder
      von Dolinen zerschnitten sind
    - Dachlose Höhlen verschwinden allmählich durch Sedimenttransport
      und indem sich die umliegende Oberfläche senkt
  - o Dolinenartige und halbdolinenartige Formen
    - Dolinen, bei denen sich die Oberfläche durch eine alten Höhlengang
      schneidet
    - Dolinen können die alten Gänge entweder anschneiden oder aber nur
      fast erreichen
    - Dolinen zeigen häufig Position und Größe mehrerer Höhlen an
  - o Reihe dolinenartiger Merkmale

<u>Ergebnis</u>
- Form von dachlosen Höhlen ist das Ergebnis von der Form der Höhle und der
  Entwicklung der Karstoberfläche
- Geben auch Aufschluss über die Entwicklung des Aquifers mit ihren geologischen,
  geomorphologischen, hydrologischen und klimatischen Charakteristika
- Wissen über Gestalt der verschiedenen Formen hilfreich für Baumaßnahmen in
  Karstgebieten

MAISCH, Max: Die aktuelle Gletscherdynamik. In: Geographie und Schule, 26=148 (2004), S. 21-27.

- 1840: Agassiz = Begründer der mod. Eiszeittheorie
- 1850-60: Gletscherhochstandsphase! „Kleine Eiszeit"(1250-1860) mit markanten Endmoränen (EM)
- Hatte glaziale Schlüsselstellung zur Abschätzung des holozänen Klimas
- Damals: kühles Klima + anwachsende Gletscher → Einschätzung: Eisquellen werden nie versiegen

Mittlerweile: Wandel des Gletscherszenarios
- Seit Mitte der 1990er: Schwund der Gletscher mit regionalen und zeitl. Differenzen
- Wichtig: Temperaturentwicklung und Eisschwund in Parallität mit Industrialsierung!
        → Treibhausgase: CO_2, Methan, Lachgas, Aerosole
- Globaler Erwärmungstrend ist auf Nordhalbkugel intensiver!
- Gerade sprunghafter Rückzug der Alpengletscher (langjähriger Mittelwert: -17m, 2003: 76,5m)
- weltweit negative Massenbilanzen bei Gletschern zu beobachten (wenige Ausnahmen)
- Ob Klimawandel mehr anthropogen oder natürlich schwer zu beantworten, da vielfältige Wechselwirkungen und noch nicht völlig geklärt
- Schon immer Schwankung im Klimasystem
- Hauptmechanismen: extraterrestrische Strahlungsschwankungen (Erdbahnparameter: Exzentrizität, Präzession, Obliquität)
        → prognostizierter Temp.anstieg von 1,4-5,8 Grad Celsius übersteigt alle bisherigen holozänen Schwankungen!

- Gletscher sind zuverlässige Indikatoren zum Nachweis + Früherkennung langfristiger Klimaschwankungen
- Korrelieren mit Temperaturveränderungen
- EM- Stände als Archive früherer Gletscher-/Klimazustände

Im Unterricht
- Thema Gletscher(schwund) durch Klimawandel im Aufwärtstrend
- -Weiter Aspekte: Auftauen der alpid. Permafrostböden → Naturgefahren
- Da periglaziale und glaziale Elementen komplementär miteinander reagieren ist prozessorientierte Betrachtung sinnvoll.

- Gletscher haben Schnittstellenfunktion! Befinden sich zw. Atmosphäre und Lithosphäre (Kryos- und Hydrosphäre)
- Außerdem in Bezug zu setzten zu touristischer und wirtschaftl. Nutzen + damit verbundenen Naturgefahren/- risiken
- Findlinge = Leitformen für Eisrandausdehnung und Gletscherschwankungen

Massenbilanz (= Nettoverhältnis von Einnahme und Ausgabe)
- Akkumulation (Masseneintrag) – von Anf. Okt. Bis Ende Sept. des Folgejahres
- →fester Nierderschlag, Lawinen, Windzufuhr (Driftschnee)
- Ablation (Massenverlust) – in Sommermonaten
        → Ablation oder Kalbung, frontale Abbrüche an Steilstufe
- Gleichgewichtslinie (GWL) = Trennlinie zw. Nähr- und Zehrgebiet

- →Grenze zw. Schnee des letzten Winters und verfinter Schnee (dunkler wg. Materialfracht)
- Bei ausgewogenen Verhältnissen: Nährgebiet doppelt wo groß wie Zehrgebiet
- ABER: Bei kleinen und mittleren Gletschern GWL in die Höhe verlagert

- durch Gletscherschwund entsteht neuer Landschaftsgürtel: Gletschervorfeld!
- (spärl. Bewuchs, frische Schuttdecken als Indiz)
- Erklärung: Flacher und dünner, daher unmittlebarere Reaktionen auf Temperaturveränderungen (Stichwort Albedo: Mehr Fels, daher höher)

Gletscher und klimageschichtlicher Rückblick
- Gletscherspuren aus Vergangenheit auch außerhalb des Alpenbogens und auch außerhalb der skandinavischen Vereisungszentren
- Im Quartär (2,4 Mio.) einschneidender Klimawechsel mit Gletschervorstößen
- In den Alpen: Würm = letzte große Eiszeit (110 000 – 10 000)
- Indizien: Moränenwälle, Drumlins, Schotterkörper, Eisrandterrassen, Schmelzwasserrinnen
- In den Alpen vor 60 000 erster Vergletscherungszyklus, unterbrochen von Interstadialen
- vor 20 000 „Last glacial maximum", seither Erwärmung + Gletscherschwund
- Im Holozän: 8 große Gletschervorstöße mit ähnl. Ausdehnung und Reichweite)
- In Kaltzeit: Gletschervorstoß + Moränenablagerung
- In Warmzeit: Bodenbildung auf Moränenablagerung
  → chronostratigraphische Gliederung mgl.

Eckdaten zur schweizerischen Vergletscherung und zum G.schwund seit 1850
- Auswikungen auf's Landschaftsbild: Wachsende Schuttareale d. Gletschervorfelder + Neulandentstehung
- (Satelitenbildtechnik→ Schweiz. Gletscher aktualisiert, verschiedene Prognose-Szenarine entwicklet)
- Unterschiedliche Auswirkungen des Abschmelzens! Stark vergletscherte Gebiete hatten umfangreiche Absolutverluste, aber geringere prozentuale Verluste als schwach o. marginalvereiste Gebiete
- Große Alpengletscher: Großer Aletsch, Gomer, Morteratsch

Gletscher genau unter der Lupe
- da eine Auswahl von G. jährlich kontrolliert werden erlauben Daten Analyse der langfristigen Gletscherreaktion und somit Vergleichsmgl. Mit Klimageschehen
- (Erholungsphasen und verstärkte Abschmelzphasen, aber gesamt betrachte: Gletscherrückzug innerhalb des letzten Jahrhunderts!)

Heiße Zukunft der Alpengletscher
- Da Klimawirksamkeit des Menschen nicht völlig klar reichen heute histor. Kenntnisse über Alpengletscher nicht mehr aus für real. Zukunftsprognosen!
- Vermutung: Nur große Gletscher werden das 21 Jahrhundert überdauern

Globale Erwärmung hat lokale Folgen:
- Veränderung/ Umgestaltung des Landschaftsbildes + im Naturhaushalt der Hochgebirge
- Arealvergrößerung des Gletschervorfeldes
- Steile/ instabile Hänge aus Moränenmat. Als Schuttlieferanten
- Naturgefahren (Abbrüche, Ausbruch von Gletscherseen)
- Auftauen de Permafrostes → Steinschlag, Hangrutschung, Murgänge

- Unsicherheiten im Wasserangebot
- Schneeunsicherheit (Tourismus)
- Stabilitätsproblem (teure Infrastruktur)
- Ästhetische Verarmung des Hochgebirgsraumes

<u>Fazit</u>
- Gegenwärtiger Gletscherschwund und beschleunigte Zerfallstendenzen beeinflusst unsere Wahrnehmung der Klimaproblematik
- Mahnmale des Klimawandeln

Wilhelm Tell Zitat!
„Ja, wohl ist's besser Kind, die Gletscherberge im Rücken zu haben, als die bösen Menschen!"

MARK, Harald: Karstmorphologie - eine Einführung. In: Geographische Rundschau, 57,6 (2005), S. 4-10.

- Karstmorphologie befasst sich mit Erscheinungsformen, deren Entstehung auf die Wirkungsgefüge von Abtragung- und Ablagerungsprozessen basieren
- Im Karst veranschaulichen sich die Dynamiken der Reliefentwicklung durch den Gegensatz von Kalklösung (=Korrosion) und Kalksinterbildung. Es resultiert ein besondere Formenschatz.
- Karst birgt einerseits touristische Entwicklungspotentiale, andererseits kann eine flächenhafte, großräumige Verbreitung auch Beeinträchtigungen für den Menschen bewirken
- Mangel an Oberflächenwasser
- unwegsame Geländeverhältnisse
- Karge Böden
    → Karstgebiete sind Lebensräume im Grenzbereich der Ökumenen!
- Karst ist zugleich Natur- und Kulturphänomen, facettenreich
- (Forschungsbezug: Lange Zeit prägende Rolle in der Geographie, seine historische Entwicklung kann als exemplarisch für die von Trends/Dogmen beeinflusste Entwicklung der allgem. Geomorphologie gelten)
- Wortursprung: serbokroatisch = steiniger Boden
    → urspr. Bezug auf kahle, vegetationsarme, grauweißen Kalksteinblöcke in dinarischem Gebirge, später Übertragung des Begriffs als geomorph. Begriff auf alle Kalklandschaften, deren Oberflächenformen durch gleiche oder ähnliche Prozesse der Verkarstung zurückgehen.

1. Rahmenbedingungen der Kalklösung

Zwei wesentliche Kennzeichen in Karstgebieten:

1) Vorkommen von löslichen Gesteinen. Durch Reaktionen mit Wasser oder wasserhaltigen Lösungen entstehen lösungsbedingte Oberflächenformen

2) Klüftigkeit der Gesteine (und Löslichkeit) führt zu einer überwiegend unterirdischen Entwässerung

Ursachen der Verkarstung

Aufgrund eines chemischen Vorganges, bei dem Calciumcarbonat unter Einwirkung von kohlensäurehaltigem Wasser in Caldiumhydrogencarbonat umgewandelt wird:

Chemischer Vorgag der Kalklösung (Korrosion) im Karst
$CaCo_2 + H_2O + CO_2 \longleftrightarrow Ca(HCO_3)_2$

Wichtig:
- Kalklösungsfähigkeit des W. steigt mit Gehalt an CO_2
- CO_2 diffundiert aus der Luft (mit Partialdruck von 0.003 vol. %) ins Wasser
- CO_2 wird proportional zu seinem Partialdruck im Wasser gelöst
- Partialdruck im Bodenluft höher (aufgrund biolog. Vorgänge) als in Atmosphäre
    → Lösungsfähigkeit des Wassers erhöht sich wenn es beim Weg in den Untergrund im Boden mit CO_2 angereichert wurde
    → gleichzeitig kann das W. mit zunehmender Temperatur weniger CO_2 aufnehmen und ist dadurch weniger kalklösungsfähig

- Sinterbildung dokumentiert diese Gesetzmäßigkeit:
- Entstehung, wenn Wasser zerstäubt (z.B. an Hindernissen), da dadurch Reaktionsfläche vergrößert wird + Temperatur ansteigt → Sinterterrassenbildung mgl.

Physikalisch-chemische Faktoren
- CO_2 Partialdruck des umgebenden Mediums (im Diffusionszeitraum) + Temp.(wirkt umgekehrt proportional zum CO_2 des Wassers) – beide determinieren die Kalkaggressivität

- Wichtig: Kein lineares Verhältnis zw. CO_2 Gehalt des Wassers und der lösbaren Kalkmenge

- Höhlenbildung im Inneren eines Gebirgskörpers veranschaulicht dies:
- Zwei Karstwässer mit unterschiedlichem Kalkgehalt treffen einander
- zusätzliches CO_2 entsteht, dass am Mischungsort zusätzliches Kalk aus Gesteinen lösen kann
- durch diese Mischungskorrosion entstehen unterirdische Hohlräume

Karsthydrographische Komponenten
- Bei der Entstehung lösungsbedingter Oberflächenformen spielen neben phy.-chem. auch karsthydrographische Komponenten wichtige Rolle!
- Da kompaktes Gestein praktisch wasserundurchlässig ist, kann die Korrosion erst nach tektonischen Bewegungen an Klüften und Rissen ansetzen.
- Die Entstehung eines verkarstungsfähigen Gebirgskörpers über dem Vorfluterniveau bewirkt eine vertikale Differenzierung in unterschiedlichen Bereichen:
    ➤ Phreatische Zone: unterer Bereich, in dem alle Hohlräume mit W. gefüllt sind
    ➤ Vadose Zone: darüber liegender Bereich, in dem Niederschlagswasser versickert
        → Im Grenzbereich dieser Zonen entsteht durch Mischungskorrosion die Höhlenbildung

Chemische Zusammensetzung des Kalkgesteins
- Damit sich der charakteristische Karstformenschatz herausbilden kann muss der Corbonatanteil mind 90% betragen!

2. Formenschatz des Karstes

- Aufgrund der beschriebenen Lösungsvorgänge entstehen charakteristische Landschaften
- - modifizierend wirkende Parameter:
    o Petrovarianz
    o Klüftigkeit
    o Temperatur
    o Niederschlag
        → führen zur Herausbildung regionaler Unterschiede + spez. Unterschiedliche Karsttypen
- Genese ist immer durch lösungsbedingte Hohlraumbildung zurückzuführen, die an Oberfl. Groß- und Kleinformen des Karstes entstehen lässt (Karren, Dolinen, Poljen, trop. Kegelkarst)

<u>Weltweit vorkommende Formen, ohne bes. Bindung an Klimazonen:</u>

Karren:
- Kleinstformen der Korrosion
- oft dort, wo Bodenbedeckung fehlt (klimat bed., Steilheit, oder anthropogen bed.)
- Unterschiedliche Karrenformen! (Beispielsweise)
- *Rillenkarren:* - setzen immer an Felsfirsten an, durch abfließendes Niederschlagswasser herauspräpariert
- *Trittkarren:* - nahe der Oberkante von Felsflächen, oft als Mulden in Gesteinsoberfläche eingesenkt

Dolinen
- am weitesten verbreitesten Karstformen → Leitform der Verkarstung
- unterschiedliche Typen, in Gruppe der Einsturz- oder Lösungsdolinen einteilbar
- *Einsturzdolinen*: Verkarstungsprozess verläuft von der Tiefe Richtung Oberfläche! Nach Einsturz bleibt Hohlform stabil
- *Lösungsdolinen:* Verkarstungsprozess verläuft von der Oberfläche in die Tiefe! Wenn Ponore weiter funktionstüchtig, kann eine Erweiterung der Hohlform in die Tiefe erfolgen

Poljen (serbokroatisch: „das Feld")
- mit ebener Bodenfläche, mehrere km lang, beckenförmig in Kalkgestein eingesenkt, allseits von höherem Gelände umgeben
- in allen Karstgebieten vorkommend, vor allem in tekton. beanspruchten Regionen
    → Form zeigt oft die Streichrichtung von Gebirgskämmen nach
- Boden selter aus Felsflächen, oft aus mächitgen Sedimenten → agrarwirtschaftl. Begünstigte Region in Karstgebieten!

<u>Karstform, die an hohe Niederschläge gebunden sind:</u>
- Trop. Kegelkarst
- ist aufgrund seiner bizarren Erscheinung bed. Tourismusfaktor (Bsp. in China)

- Wichtig: In außertrop. Zonen dominieren Hohlformen, in den Tropen Vollformen (turm- oder kegelförmig, einzeln o. in Gebirgskomplex)!!!
- Aber : Differenzierung in außertrop. Hohlformenkarst und trop. Vollformenkarst basiert auf rein physiognomischer Betrachtungsweise. Aus morphologischem Blickwinkel sind die trop. Vollformen Reste eines ehemals kompakten Gesteinkörpers, der durch Lösungsprozesse herausmodelliert wurde. Somit sind sie das Reslutat eines intensiven Hohlformenwachstums.

3. Geschichtliche Aspekte der Karstforschung

<u>Mitte 19. Jh –I WK</u>
- Wissenschaftliche Erforschung des Phänomens erst seit Etablierung der mod. Geomorphologie (2. Hälfte des 19. Jh.)
- Erste system. Grundlegung der mod. Geom. 1886 Ferdinand v. Richthofen „Führer für Forschungsreisende"
- darin Erklärung des Verkarstungsprozesses durch mechanistische Modelle
- Erklärung von Karrenbildung und Dolinen durch Lösungsvorgänge
- allmähliche Durchsetzung von Vorstellungen der Korrosion als beteiligter Faktor

- Zeitgleich entwickelte sich Wien zum Zentrum der Karstmorphologieforschung (dinarische Karst und Karst um Wien als Untersuchungsschwerpunkte)
- durch Eisenbahnbau→ Entdeckung immer neuer Karstreliefformen
- zunächst standen die Großformen (mit Genese) des Karstes im Vordergrund (Dolinen, Poljen, Karstebene)
- alle Karsttheorien aus dieser Zeit der sich in allen Zweigen der Geomorphologie etabliert hatte: Die Zyklustheorie!
    → demnach wird die Verschiedenarigkeit der Karstlandschaften auf die jeweilig unterschiedliche Dauer von Korrosion und Abtragung zurückgeführt + Einordnung in zeitl. Entwicklungsschema
- Idee eines universellen Ordnungsschemas: Mit fortschreitendem Alter der Karstlandschaft muss ein Falchrelief entstehen auf dem jew. Niveau des Karstwasserspiegels.
- damals noch kein Erkennen des Unterschiedes von trop.und dinarischen Karst! (Versuche Ordnungsschema des din. Karstes auf trop. Karst zu übertragen)
    → Zyklusdoktrion hemmte die richtige Lösungsfindung
- Unterbrechung der Karstforschung durch I WK

<u>Nachkriegszeit I WK bis Ende 50er</u>
- Politische Veränderung brachten Grenzbarrieren mit sich, so dass Karstforschung bis in
- Nachkriegsjahren in Krise
- Mitte 1930er: Lehmann und Schüler Pencks (Cvijic)
- 1936 „Morphologische Studien auf Java" leitet Wende in der Anschauung des Karstformenschatzes ein. (präzise Beschreibung der Oberflächenformen, Beachtung klimat. Komponenten)
    → Lehmann führt Verbreitung des Kegelkarstes auf klimat. Entstehungsursache zurück, kein zeitabhängiges! Damit Ende der Zyklustheorie
- II WK brachte wieder Unterbrechung der Forschung, nach Kriegsende: Tendenzen mit Schwerpunkt auf Erfahrungsaustausch in Karstforschung!+ Konzentration der Forschung in den Tropen (aber auch in anderen Gebieten)

- Gründe für Tropenforschung: Schlecht Arbeitsbed. im sozialistisch regierten Jugoslawien + Annahme: Großformen des mediterranen Karstes unterläge keiner rezenten Weiterentwicklung + In Tropen: Aktive Morphodynamik zu beobachten
- 1953 „Kommission zu Karstfragen" (Leitung: Lehmann)
- Beobachtungsschwerpunkt in 1950er + Beschäftigung mit theoret. Grundlagen der Verkarstung mit dem Ziel: Morphogent. Unterschiede zw. verschieden Karstgebieten zu erklären
- Bögli deckte die komplexen chem. Gesetzmäßigkeiten der Kalklösung auf

<u>Ab 1960 bis in 1980er</u>
- Feldstudien von Gerstenhauer (Mexiko) + Willfort und Wall (Malaysia)
- Darin Erfassung weiterer wichtiger Verkarstungsparameter:
    o Bodeneigenschaften
    o Gesteinszusammensetzung
    o Vegetation
    o Darauf aufbauende vertiefende Arbeiten in den 1980ern

<u>Karstforschung heute</u>
- erhebliche Veränderung in jüngster Zeit durch Trend zur Neuorientierung der Grundlagenwissenschaften

- verstärkte innere Ausdifferenzierung → Bildung weltweit verschiedener Institutionen und Zentren
- Deutschland Geogr. Institut Tübingen (unter Prof. Pfeffer)
- Schwerpunkt: Karst der Schwäbischen Alb, trop .Karstlandschafen, umweltbezogenen Fragestellungen
- England (Uni Huddersfield, unter John Gunn)
- lange Trad. der Karstforschung - Schwerpunkte: Hydrogeologie und Entstehung von Entwässerungssystemen im K.
- Neuseeland (Paul Williams)
- Schwerpunkt: Trop. Karst, Wechselwirkung Karst und Mensch
- China
- Mit weltweit größtem Karstinstitut (Facettenreiche Untersuchungen, ökonom. Bed., Museum)

<u>Zukunftsausblick</u>
- Orientierung stärker an Erwartung einer zunehmend am prakt. Nutzwert von Forschung interessierten Gesellschaft
- Erschließung von Karst als Wohn- und Wirtschaftsraum
    - → nur auf Grundlage der heutigen Kenntnisse mgl. (z.B. Konsequenzen lösungsbed. Hohlraumbildung + Fortschritte bei Forschung zur Fragilität der Karstökosysteme)

VORLÄUFER, Karl: Karst und Tourismus. In: Geographische Rundschau, 57,6 (2005), S. 34-43.

Einleitung

- Karstgebiete sind wichtige touristische Anziehungspunkte
- Ziele des Massentourismus
- Aber: Gefährdung durch unsachgemäße Behandlung
- Phänomene: Höhlen, Dolinen, Karstlandschaften, Trockenrasen, Flussversickerungen
- Tourismus wichtig Land nur sehr eingeschränkt genutzt werden kann:
  - nur die Poljen können als Ackerfläche genutzt werden
  - Alluviale Ebenen der tropischen Karstlandschaft: Reisbau (Inbegriff von Exotik, Harmonie
- Anziehung für bildungsorientierte Touristen
- Anziehung für Sportbegeisterte
- Industrielle Nutzung
- Probleme: Müll, Zerstörung der Tropfsteine

Kras/Slowenien: Prototyp der touristischen Nutzung einer Karstlandschaft

- Größte Attraktion: Höhlen von Pstojna (Rasante Entwicklung mit Bau der Semmeringbahn
- Höhlen von Skocjan: UNESCO-Weltnaturerbe, weniger besucht

Tropischer Karst und Massentourismus in China

- Turmkarst als Einzeltürme auf alluvialen Ebenen
- Kegelkarst als Hügellandschaft
- Manche Provinzen (z.B. Guangxi, Stadt Guilin) sind stark vom Tourismus abhängig
- Vier Phasen:
  - Initialphase bis 1984
  - Dynamische Wachstumsphase bis 1989
  - Stagnationsphase und Rückgang bis 1999
  - Stürmisches Wachstum seither
- Binnentourismus
- Häufig noch Flussfahrt auf dem Li Jiang

Tropischer Karst und Tourismus in Südthailand

- James Bonde Felsen in der Phang Nga Bucht ist Hauptattraktion
- Entwicklung geht von Pukhet aus
- Heute auch Tourismus in Khao Lak und Phi Phi Don (Insel)

  ⇨ Fazit: Tourismus ist wichtiger Wirtschaftsfaktor
  ⇨ Probleme entstehen hauptsächlich durch Müll oder Missachtung des (wichtig werdenden) Naturschutzes

Gletscher

Ein **Gletscher** (von lat. glacies = Eis), auch **Ferner** (von althochdeutsch firn = alt) oder **Kees** (von althochdeutsch Eis), ist eine aus Schnee hervorgegangene Eismasse, die sich durch ihr Eigengewicht (und dem daraus resultierenden Druck) bewegt.

Gletscherentstehung und Metamorphose des Schnees

Gletscher entstehen in Gebieten, in denen im Jahresmittel mehr Schnee fällt, als abtauen oder verdunsten kann. Auf diese Art und Weise kommt es zur Akkumulation (Ansammlung) von Schnee, der deshalb eine Metamorphose (Verwandlung) durchläuft.

Frisch gefallener Neuschnee bildet eine Schicht aus kaum verdichteten Schneekristallen und mit Luft gefüllten Hohlräumen. Fällt erneut Schnee, so legt er sich über diese bereits vorhandene Schicht und drückt die mit Luft gefüllten Hohlräume so zusammen, dass sie kleiner werden. Schmelzprozesse unterstützen diesen Vorgang. So entsteht im Laufe eines Jahres aus dem Schnee Firneis. Firn bewegt sich, wenn überhaupt, nur in der Falllinie, hat keine Spalten und ist am Untergrund festgefroren. Die weitere Verdichtung des Firneises lässt schließlich Gletschereis entstehen. Ab einer Mächtigkeit von ca. 30 m fängt das Eis an, sich unter dem Einfluss der Schwerkraft und seiner eigenen Masse zu bewegen (zu fließen). Ein Gletscher ist entstanden. Aufgrund topographischer Gegebenheiten reißt das Eis bei der Bewegung auf und bildet Spalten. Der Bergschrund befindet sich am oberen Rand des Gletschers und markiert den Übergang vom bewegten Gletscher zur Karrückwand oder dem Firnfeld.

Im Laufe der Metamorphose sinkt der Luftgehalt kontinuierlich. Während er bei Pulverschnee noch 90 % beträgt, besitzt Gletschereis im Durchschnitt nur noch 2 % Luft. Der Luftgehalt von Firn bzw. Firneis, den Zwischenstufen bei der Entstehung von Gletschereis, beträgt 60 % bzw. 30 %. Es kommt im Verlauf der Gletschereisbildung zu einer starken Verdichtung des Materials.

Die Dauer der Metamorphose des Schnees hängt sehr stark von den herrschenden Klimabedingungen ab. Bei vergleichsweise *warmen* Gletschern, wie in den Alpen, hat sich der Schnee in wenigen Jahren in Gletschereis umgewandelt. Bei kalten und trockenen Gletschern, zum Beispiel in der Antarktis, unterstützen keine Schmelzprozesse die Eisbildung. So dauert dort die Umwandlung von Schnee in Eis mehrere Jahrzehnte.

Aussehen und Eigenschaften von Gletschereis

Reines Gletschereis ist in dünnen Schichten (wenige cm) nahezu durchsichtig, bei größeren Dicken aber noch durchscheinend. Wenn die Kristalle eines Gletschers ihre Lage zueinander nicht verändern, bewahrt Gletschereis über lange Zeiträume auch seine ursprüngliche Schichtung. Weiterhin haben die Eiskristalle eine körnige Struktur; bei Seen sind sie zum Beispiel länglich. Die Dichte beträgt bis zu $0,918$ g/cm^3, kann aber bei größeren Lufteinschlüssen auch darunter liegen. Die Dichte von Pulverschnee beträgt zum Vergleich nur $0,06$ g/cm^3.

Wird das Eis durch den Eigendruck stark komprimiert, verkleinern sich die Lufteinschlüsse im Eis. Dadurch werden alle Farben außer Blau absorbiert und nur noch dieses reflektiert: das Eis schimmert bläulich, bei einigen Gletschern auch grünlich.

Nährgebiete und Zehrgebiete

Jeder Gletscher besitzt ein **Nähr-** und ein **Zehrgebiet**. Im Nährgebiet bleibt zumindest ein Teil des Schnees auch während des Sommers erhalten (Akkumulationsgebiet), so dass er sich durch Druck und Wärmeschwankungen im Lauf mehrerer Jahre zu Gletschereis umformt, welches in tiefere Gebiete fließt. Unterhalb einer bestimmten Linie, der Gleichgewichtslinie, erreicht das Gletschereis Regionen, in denen das Abschmelzen des Eises gegenüber dem Nachschub durch Schnee überwiegt (Ablationsgebiet). Diese Region heißt Zehrgebiet. Bei Talgletschern fällt sie oft mit einer eindrucksvollen *Gletscherzunge* zusammen. An deren unterem Ende befindet sich das Gletschertor, aus dem ein steter Schmelzwasserstrom, die sogenannte Gletschermilch, herausplätschert. Die Größe des Nähr- und Zehrgebiets wechselt jedes Jahr je nach Schneemenge im Winter und Witterungsverlauf im Sommer. Dadurch wird über längere Zeiträume der Gesamthaushalt des Gletschers bestimmt, sprich ob er sich vergrößert oder verkleinert. Bei einem ausgeglichenen Massenhaushalt entspricht das Verhältnis von Nährgebiet zu Zehrgebiet etwa 2:1.

Andere Verhältnisse herrschen bei Gletschern, vor allem in den Polargebieten, die ins Meer oder in einen großen See münden, sowie bei Hängegletschern. Wenn an der Stirnseite der Gletscherzunge Eisstücke abbrechen, nennt man dies das *Kalben* des Gletschers. Die abgebrochenen Stücke werden zu Eisbergen. Tafeleisberge dagegen entstehen nur in der Antarktis, wenn aufgeschwommene Teile des Inlandeises (Schelfeis) abbrechen und als große *Eistafeln* in das Meer treiben. In beiden Fällen haben diese Gletscher ein vergleichsweise kleines Zehrgebiet, welches deutlich unter dem oben angegebenen Quotienten liegt.

Gletscherarten

Je nach Entstehungsweise und Entwicklungsstadium unterscheidet man heute im Allgemeinen folgende Arten von Gletschern:

- **Kargletscher**: Eismassen geringer Größe, die sich sonnengeschützt in einer Mulde, dem so genannten Kar, befinden. Kargletscher besitzen keine deutlich ausgebildete Gletscherzunge. Oft sind sie *Hängegletscher*. Durch die geschützte Mulde können sie tiefer auftreten als Talgletscher.
- **Talgletscher**: Eismassen, die ein deutlich begrenztes Einzugsgebiet besitzen und sich unter dem Einfluss der Schwerkraft in einem Tal abwärts bewegen. Sowohl die Menge des Schmelzwassers als auch die Fließgeschwindigkeit des Gletschers variiert im Jahresverlauf mit einem Maximum im Sommer. Obwohl Talgletscher nur etwa 1 % der vergletscherten Gebiete der Erde ausmachen, sind sie wegen ihres imposanten Aussehens der bekannteste Gletschertyp (z. B. Aletschgletscher).
- **Hanggletscher**
- **Hängegletscher** sind Gletscher, die aufgrund einer Felskante in ihrem Bett kein Zehrgebiet haben, sondern über die Kante *kalben*. In vielen Fällen gehen diese Gletscher auf Talgletscher zurück, die in den heutigen eisschwachen Zeiten das Zehrgebiet unter der Kante nicht mehr halten können.
- **Eisstromnetz**: Wachsen Talgletscher so stark an, dass das Gletschereis die Talscheiden überfließen kann, spricht man von einem Eisstromnetz. Die Bewegung des Eises wird aber dennoch vor allem vom vorhandenen Relief gesteuert. Die Gletscher der Alpen erzeugten auf dem Höhepunkt der letzten Vereisung ein solches Netz.
- **Inlandeis** oder **Eisschild**: Die größten Gletscher überhaupt. Eismassen, die so mächtig werden, dass sie das Relief fast vollständig überdecken und sich auch weitgehend unabhängig von ihm bewegen. Einige Wissenschaftler scheiden jedoch die großen Inlandeismassen von den kleineren Gletschern und bezeichnen sie deshalb nicht als Gletscher.
- **Plateaugletscher** oder **Eiskappe**: Ein kleines Inlandeis, begrenzt auf Hochplateaus.
- **Auslassgletscher** bilden sich am Rand von Eiskappen oder Eisschilden, wenn das Eis durch relativ schmale Auslässe fließen muss, die vom Relief vorgegeben werden.

Ein **Blockgletscher** ist trotz seines Namens **kein** Gletscher, da er nicht aus Schnee hervorgeht, sondern aus mit Eis vermischtem Schutt und Felsblöcken. Er kriecht sehr langsam talwärts, was seiner völlig steinigen Oberfläche eine meist wellenförmige Struktur verleiht, und ist eine Erscheinung des Permafrostes (Dauerfrostboden).

Gletscher und Klima

Obwohl Gletscher nur einen geringen Teil der Erdoberfläche ausmachen, ist weitgehend unumstritten, dass sie das lokale wie weltweite Klima stark beeinflussen. Dabei sind zwei physikalische Eigenschaften von Bedeutung:

- Die Albedo der Erdoberfläche erhöht sich auf einem Gletscher bedeutend: Eintreffendes Sonnenlicht wird zu nahezu 90 % zurückgespiegelt, wodurch es seinen wärmenden Energieeintrag in die Biosphäre nicht entfalten kann. Ein einmal ausgedehnter Gletscher hat daher die Tendenz, weiter abzukühlen und sich weiter zu vergrößern. Über ihm entsteht in Verbindung mit tiefen Temperaturen ein Hochdruckgebiet.
- Gletscher wirken als Wasserspeicher. Es wird als Eis in den Gletschern gespeichert und so dem Wasserreservoir vorübergehend oder länger anhaltend entzogen. Mit dem Abschmelzen der Gletscher in Folge der Erwärmung des Klimas kann es zu einem Anstieg des Meeresspiegels kommen. Dies gilt vor allem für die Eisschilde Grönlands und der Antarktis.
- Die Wirkung des vermehrten Eintrags von Schmelzwasser auf die Meeresströmungen, insbesondere auf das Golfstromsystem, ist derzeit Gegenstand wissenschaftlicher Untersuchungen.
- Gletscher sind ein Indikator für langfristige Klimaänderungen. In Folge der globalen Erwärmung ist es weltweit zu einer massiven Gletscherschmelze gekommen.

Gletscher als Landschaftsformer

Gletscher sind bedeutende Landschaftsformer, die in ihrer Wirksamkeit den Wind und das fließende Wasser deutlich übertreffen. Insbesondere während des Eiszeitalters, als große Teile der Nordhemisphäre vergletschert waren, wurden sehr große Gebiete durch sie umgeformt. Die Wirkung der Gletscher beruht vor allem auf dem von ihnen mitgeführten Moränenmaterial. Je nach der Lage zum Gletscher bezeichnet man sie als Ober-, Seiten-, Mittel-, Innen-, Unter- oder Stirnmoräne. Die Begriffe Grundmoräne und Endmoräne beziehen sich mittlerweile eher auf die entsprechenden Landschaftsformen und nicht mehr auf das eigentliche Material.

- **Moränen:** Als Moräne bezeichnet man die Gesamtheit des vom Gletscher transportierten Materials. Da Gletscher feste Körper sind, können sie alle Korngrößenklassen, vom Ton über Sand bis hin zu gröbsten Blöcken aufnehmen, transportieren und wieder ablagern.
- **Abtragungsformen:** Eindrucksvolle Zeugen der Abtragungsvorgänge durch Gletscher sind in Gebirgen die Trogtäler, deren U-Form auf Grund der Gletschererosion entstand. In den vom Inlandeis vergletscherten Gebieten trifft man sehr häufig Rundhöckerlandschaften an. In beiden Landschaftstypen kommen oft tief ausgeschürfte Becken vor, die heute meist von Seen ausgefüllt werden. Kleinformen der Abtragung sind vor allem Gletscherschliffe auf den Gesteinsoberflächen. Diese werden durch das mitgeführte Moränenmaterial verursacht. Gletschermühlen entstehen durch die abtragende Wirkung der Schmelzwässer des Eises.
- **Ablagerungsformen:** Bei zurückgetauten Gebirgsgletschern sind die Moränen die am weitesten verbreiteten Ablagerungen, die leicht mit dem betreffenden Gletscher (wenn er noch vorhanden ist) in Verbindung zu bringen sind. Im nördlichen Mitteleuropa und im Alpenvorland haben die Gletscher als typische Formengesellschaft die Glaziale

Serie mit den Elementen Grundmoräne, Endmoräne, Sander und (nur in Norddeutschland) Urstromtal hinterlassen. Auch hier gibt es zahlreiche Kleinformen wie zum Beispiel Drumlins, Glaziale Rinnen, Oser (Einzahl Os) und Kames.

Aktuelle Bedeutung und Nutzen von Gletschern
- **Wasserhaushalt:** Gletscher stellen in vielen Regionen eine sichere Wasserversorgung der Flüsse in der niederschlagsarmen Sommerzeit dar, da sie vor allem in dieser Zeit abschmelzen. Sie wirken so ausgleichend auf den Wasserstand (z. B. beim Rhein).
- **Tourismus:** Auf Grund ihrer imposanten Erscheinung haben Gletscher heute eine enorme Bedeutung für den Tourismus in Gebirgen und in den hohen Breiten. Sie sind immer ein Anziehungspunkt. Außerdem eignen sich Gletscher für den Wintersport.
- **Wissenschaft:** Gletscher und ihre Wirkungen spielen in den Wissenschaften bereits seit geraumer Zeit eine große Rolle. Die Wissenschaft, die sich direkt mit Gletschern, ihrem Wasserhaushalt, Fließverhalten usw. beschäftigt, ist die Glaziologie. Mit den Ablagerungen (Sedimenten) und Oberflächenformen, die das Eis hinterlässt, beschäftigt sich die Geologie bzw. die Glazialmorphologie. Gletschereis ist weiterhin ein sehr wertvolles geowissenschaftliches Archiv, da mit der Entstehung des Eises die herrschenden Klima- und Umweltbedingungen gespeichert werden. Durch Eisbohrungen kann man dieses Archiv gewinnen und auswerten.

Forschungsgeschichte [Bearbeiten]

Die Vorstellung, dass Gletscher die Landschaften dieser Erde entscheidend mitgeformt haben, ist noch nicht alt. Bis weit ins 19. Jahrhundert hinein hielten die meisten Gelehrten daran fest, dass die Sintflut die Gestalt der Erde geprägt habe.

Alpen

Die Schweizerische Naturforschende Gesellschaft schrieb jedoch 1817 einen Preis für ein Thesenpapier zu dem Thema aus *„Ist es wahr, dass unsere höheren Alpen seit einer Reihe von Jahren verwildern?"* und grenzte weiters ein, gesucht sei *„eine unpartheyische Zusammenstellung mehrjähriger Beobachtungen über das teilweise Vorrücken und Zurücktreten der Glescher in den Quertälern, über das Ansetzen und Verschwinden derselben auf den Höhen; Aufsuchung und Bestimmung der hier und da durch die vorgeschobenen Felstrümmer kenntlichen ehemaligen tiefern Grenzen verschiedener Gletscher"*.

Ausgezeichnet wurde 1822 eine Arbeit von Ignaz Venetz, der wegen der Verteilung von Moränen und Findlingen schloss, dass einst weite Teile Europas vergletschert waren. Er fand jedoch nur Gehör bei Jean de Charpentier, der wiederum 1834 Venetz' These in Luzern vortrug und es schaffte, Louis Agassiz davon zu überzeugen. Dem rednerisch begabten Agassiz, der in den folgenden Jahren intensive Studien zur Gletscherkunde betrieb, gelang es schließlich, die einstige Vergletscherung weiter Gebiete als allgemeine Lehrmeinung durchzusetzen.

Norddeutschland

In Norddeutschland wurden erste Belege für eine Vergletscherung aus Skandinavien bereits von 1820 bis 1840 gesammelt. Sie konnten die alte Lehrmeinung jedoch nicht zum Einsturz bringen. Erst ab 1875 setzte sich, bedingt durch die Erkenntnisse des schwedischen Geologen Otto Torell, der in Rüdersdorf bei Berlin eindeutige Gletscherschliffe nachwies, die Vereisungstheorie auch in Norddeutschland durch.

Gefahren durch Gletscher [Bearbeiten]

Die von Gletschern ausgehenden **Gefahren** werden nach ihren Ursachen in folgende Kategorien eingeteilt:
- **Gefahren durch Längen- und Geometrieänderungen:** Durch Geometrieänderungen können Bauwerke, die sich unmittelbar am Gletscherrand befinden, gefährdet sein. Nach Gletscherrückgang freigelegte Moränen und Felswände können instabil werden, so dass es zu Rutschungen und Hangabstürzen kommt.

- **Gefahren durch Gletscherhochwasser:** Gletscherhochwässer sind meist nicht niederschlagsbedingt, sondern entstehen, wenn Seen, die der Gletscher aufgestaut hat, sich plötzlich entleeren. Diese Ausbrüche verursachen oft verheerende Flutwellen, die zu großen Schäden im Tal führen. In Island nennt man diese Ausbrüche Gletscherlauf.
- **Gefahren durch Gletscher- und Eisstürze:** Bei Hängegletschern kommt es regelmäßig zu großen Eisabbrüchen. Dadurch ausgelöste Eislawinen können eine Gefahr für Siedlungen und Verkehrswege sein.
- **Gletscherspalten** stellen vor allem für Touristen eine Gefahr dar, die auf keinen Fall unterschätzt werden sollte. Vor allem seilen sich bei Gletscherüberquerungen oft zu wenig Personen aneinander an und das in zu geringen Abständen. Gletscherspalten können sehr tief sein und sind zum Teil mit Schneebrücken überdeckt, so dass sie nicht zu sehen sind.

Wissenswertes über Gletscher

Zur Zeit sind 15 Millionen km² der festen Erdoberfläche von Gletschereis bedeckt. Das entspricht etwa 10 % aller Landflächen. Während der letzten Eiszeit waren es immerhin 32 % der Landoberfläche.

Größe:
- Der größte Gletscher der Erde (ohne Inlandeis) ist der Lambert-Gletscher (Antarktis).
- Der größte außerpolare Gebirgsgletscher der Erde ist mit 4.275 km² Fläche der Malaspina (Alaska).
- Der flächenmäßig größte europäische Gletscher ist mit 8.200 km² Fläche der Austfonna (Svalbard/Norwegen).
- Ihm folgt mit 8.100 km² Fläche der größte Plateaugletscher Islands, der Vatnajökull. Mit bis zu 900 m Dicke ist er vom Volumen der größte europäische Gletscher.
- Der größte europäische Festlandgletscher ist mit ca. 500 km² Fläche der Jostedalsbreen (Norwegen).
- Der größte und längste Alpen-Gletscher ist der Aletschgletscher (117,6 km² / 23,6 km lang).
- Der größte Gletscher in Deutschland ist der Schneeferner an der Zugspitze.
- Der größte Gletscher in Österreich ist die Pasterze am Großglockner.
- Der größte Gletscher Südamerikas ist das Campo de Hielo Sur in Chile.

Minimale Höhe der Gletscherzunge in den Alpen:
- Der Glacier des Bossons am Mont Blanc reicht bis auf etwa 1.400 m Höhe über dem Meeresspiegel hinunter.

Äquatornähe:
- Die äquatornächsten Gletscher befinden sich auf dem Mount-Kenya-Massiv (Afrika).
- Der äquatornächste Gletscher, der sogar ins Meer kalbt, ist der Ventisquero San Rafael, ein Teil des Campo de Hielo Norte (Chile) nahe des 45. südlichen Breitengrads (entspricht auf der Nordhalbkugel etwa der Lage von Mailand).

Fließgeschwindigkeit:
- Der am schnellsten fließende Gletscher der Erde ist der Kutiah Gletscher (Pakistan); 1953 wurde eine Fließgeschwindigkeit von 12 km in drei Monaten gemessen, das entspricht im Durchschnitt 112 m pro Tag.
- Alpen-Gletscher bewegen sich mit 30 bis 150 m pro Jahr.
- Himalaya-Gletscher fließen mit 500 bis 1.500 m im Jahr, also 2 bis 4 m am Tag.
- Die Auslassgletscher Grönlands bewegen sich 3 bis 10 km pro Jahr bzw. zirka 10 bis 30 m am Tag.

Gletscher in Deutschland: In Deutschland gibt es fünf Gletscher, alle im Freistaat Bayern:
1. Nördlicher Schneeferner
2. Südlicher Schneeferner

3. Höllentalferner
4. Watzmanngletscher
5. Blaueisgletscher (am Hochkalter)

Die Gesamtfläche dieser fünf Gletscher hat von 1850 bis 2005 von 329 auf 98 Hektar abgenommen, da die Temperatur in den Alpen in den letzten 100 Jahren um bis zu zwei Grad gestiegen ist. Sollte es bei dieser Entwicklung bleiben, werden die beiden Schneeferner-Gletscher in 20 bis 30 Jahren verschwunden sein und innerhalb von weiteren zehn Jahren auch die übrigen deutschen Gletscher.